高职高专生物技术类专业系列规划教材

果酒生产技术

主　编　辜义洪
副主编　郭秀英
参　编　王　琪　刘琨毅　郭云霞

重庆大学出版社

内容提要

本书在讲述果酒酿造理论的基础上，以葡萄酒生产技术为重点，详细阐述了葡萄的栽培、葡萄酒的原料选择、预处理、酿酒工艺与过程控制、发酵后处理等工艺操作技术。涵盖了葡萄酒酿造原料、酿造微生物、酿造过程及产品质量监控方法与措施，具有理论与生产实际相结合的特点。除此之外，为了适应高等职业教育和企业工作人员培训的需要，特增加了果树的栽培、典型的工艺操作规程、产品的质量检测方法及标准等内容，进一步突出了实践性和实用性。

本书可作为高职高专食品类、农产品贮藏与加工、酿酒及生物技术类等相关专业的教材和教学参考书，也可作为相关企业管理人员、技术研发人员和生产人员的指导用书以及企业职工的培训教材。

图书在版编目(CIP)数据

果酒生产技术/辜义洪主编.—重庆:重庆大学出版社,2016.1(2021.8 重印)

高职高专生物技术类专业系列规划教材

ISBN 978-7-5624-9540-6

Ⅰ.①果…　Ⅱ.①辜…　Ⅲ.①果酒—生产工艺—高等职业教育—教材　Ⅳ.①TS262.7

中国版本图书馆 CIP 数据核字(2015)第 258612 号

果酒生产技术

主　编　辜义洪

副主编　郭秀英

策划编辑:梁　涛

责任编辑:李定群　姜　凤　　版式设计:梁　涛

责任校对:张红梅　　责任印制:赵　晟

*

重庆大学出版社出版发行

出版人:饶帮华

社址:重庆市沙坪坝区大学城西路 21 号

邮编:401331

电话:(023) 88617190　88617185(中小学)

传真:(023) 88617186　88617166

网址:http://www.cqup.com.cn

邮箱:fxk@cqup.com.cn (营销中心)

全国新华书店经销

重庆市正前方彩色印刷有限公司印刷

*

开本:787mm×1092mm　1/16　印张:11.5　字数:273 千

2016 年 1 月第 1 版　2021 年 8 月第 3 次印刷

印数:3 501—6 500

ISBN 978-7-5624-9540-6　定价:29.00 元

书刊检验
合格证

高职高专生物技术类专业系列规划教材

※ 参加编写单位 ※

（排名不分先后）

北京农业职业学院
重庆三峡医药高等专科学校
重庆三峡职业学院
酒泉职业技术学院
甘肃林业职业技术学院
广东轻工职业技术学院
河北工业职业技术学院
漯河职业技术学院
三门峡职业技术学院
商丘职业技术学院
信阳农林学院
许昌职业技术学院
河南职业技术学院
黑龙江民族职业学院
荆楚理工学院
湖北生态工程职业技术学院
湖北生物科技职业学院
江苏农牧科技职业学院
江西生物科技职业学院
辽宁经济职业技术学院
包头轻工职业技术学院
呼和浩特职业学院
内蒙古农业大学
内蒙古医科大学
潍坊职业学院
杨凌职业技术学院
宜宾职业技术学院
四川中医药高等专科学校
云南农业职业技术学院
云南热带作物职业学院

果酒，即以果品为原料经发酵酿制而成的低度饮料酒，主要成分除乙醇外，还有糖、有机酸、酯类及维生素等。果酒具有低酒度、高营养、益脑健身等特点，可促进血液循环和肌体的新陈代谢，控制体内胆固醇水平，改善心脑血管功能，同时具有利尿、激发肝功能和抗衰老的功效。果酒含有大量的多酚，能起到抑制脂肪在人体中堆积的作用。

自1993年开始，我国成为世界第一水果生产大国。2013年中国果园播种面积为11.14万 km^2，水果总产量2亿t，居世界第一位。2013年中国人均果园面积为83.5 m^2，人均水果产量为15.28 t，略高于世界平均水平。预测未来几年中国水果产量仍然保持增长态势。

2013年，我国水果贸易顺差22亿美元。2014年上半年，我国水果进口145.9万t，同比增长13.2%；进口额为10.5亿美元，同比增长21.1%；出口233.3万t，同比下降3.4%；出口额为18.6亿美元，同比增长5.6%，贸易顺差8.1亿美元。我国水果出口排名前3位的是苹果、柑橘和梨，其出口量占据了我国水果出口的半壁江山。

随着人们生活水平的不断提高以及对生活质量的更高要求，果酒的诸多优点和独特功效越来越受到人们的重视，作为果品生产大国，我国果酒的生产与开发研究也已取得较大进展。

本书内容主要包括葡萄的栽培、葡萄酒的原料选择、预处理、酿酒工艺与过程控制、发酵后处理等，突出应用性和针对性，具有较强的职业性、实践性和操作性的特点。

本书由宜宾职业技术学院辜义洪副教授任主编，负责绪论、项目2、项目9的编写以及统稿工作，河南商丘职业技术学院郭秀英任副主编，负责项目1、项目2的编写工作，宜宾职业技术学院王琪、刘琨毅、郭云霞等从事专业教学的教师分别参与其余各章节资料的收集和整理编写工作。

由于编者水平有限，书中错漏之处在所难免，敬请广大专家及同行批评指正！

编　者

2015年6月

目 录 CONTENTS

绪 论 果酒工业概述

项目1 葡萄酒原料的生产技术

项目2 葡萄汁的制备

项目3 葡萄酒生产中辅料的应用

项目4 葡萄酒酿造机理与葡萄酒酵母

项目5 葡萄酒酿造技术

项目6 葡萄酒的后处理技术

项目7 葡萄酒生产副产物的综合利用

项目8 葡萄酒的再加工

项目9 葡萄酒的检测

项目10 其他果酒生产技术

附 录

【学习目标】

1. 了解国外葡萄酒工业的发展过程与发展趋势。
2. 了解葡萄酒在国民经济中的地位与价值。
3. 了解葡萄酒的特点与分类。
4. 了解葡萄酒的生产概况，激发学习果酒生产技术的兴趣。

果酒，顾名思义，就是将含有一定糖分和水分的果实，经过破碎、压榨取汁、发酵或浸泡等工艺精心酿制调配而成的各种低度饮料酒。在我国，习惯以原料果实名称来命名果酒，如葡萄酒、猕猴桃酒、苹果酒等。而在国外，大多数人认为只有葡萄榨汁发酵后的溶液，才能叫作酒（wine），其他果实发酵的酒则名称各异，如苹果酒叫 cider，梨酒叫 perry。

葡萄是品种最多的水果，有近 8 000 种。葡萄栽培面积广、产量大，其中有 80% 的葡萄被用来酿酒。葡萄酒在果酒中所占的比例最大，属于国际性饮料酒。其他果酒虽风格各有特色，但因为它们的酿造工艺与葡萄酒酿造工艺相似，因此本书重点讲述葡萄酒生产技术。同时，考虑到我国山林果地面积广阔，适合于酿酒的水果品种繁多，因此，对一些有特色的果酒的酿造工艺也作了相应介绍。

任务 0.1　葡萄酒的生产历史与发展

0.1.1　葡萄酒的起源与生产历史

人类很早就开始对葡萄栽培了。最早栽培葡萄的地区是小亚细亚里海和黑海之间及其南岸地区。大约在 7 000 年以前，南高加索、中亚细亚、叙利亚、伊拉克等地区也开始了葡萄的栽培。在这些地区，葡萄栽培经历了 3 个阶段，即采集野生葡萄果实阶段、野生葡萄的驯化阶段及葡萄栽培随着旅行者和移民传入埃及等其他地区阶段。多数历史学家认为，波斯（今日伊朗）是最早酿造葡萄酒的国家。15—16 世纪，葡萄栽培和葡萄酒酿造技术传入南非、澳大利亚、新西兰、日本、朝鲜和美洲等地。

葡萄酒业的规模化和大发展是近百年的事情，法国和意大利所产葡萄酒最负盛名，产量也据世界前列，其次是西班牙、美国、阿根廷等国。近年来，澳大利亚葡萄酒生产发展很快，出口量也很大。近 20 年来，全世界的葡萄酒产量在 2 500 万 ~3 600 万 t，其中法国、意大利两国的产量占全世界总产量的 40% 以上。2005 年以来，葡萄栽培总面积 7.92 万 km^2，葡萄总产量为 6 592 万 t，其中 80% 用于酿酒，11% 鲜食，9% 制干、制汁和醋。全球有近 70 个国家生产葡萄酒，葡萄酒年产量为 2 800 余万 t，年总产值达数千亿美元，世界人均年消费量约 4.5 L。产量超过 50 万 t 的有 12 个国家，超过 100 万 t 的有 8 个国家，其中法国、意大利、西班牙、美国 4 个国家的葡萄酒产量占世界总量的 58.2%。2006 年世界主要葡萄酒生产国产量见表 0.1。

表 0.1　2006 年世界主要葡萄酒生产国产量　　单位：千吨

国　家	产　量	国　家	产　量	国　家	产　量	国　家	产　量
意大利	5 329	阿根廷	1 564	智利	788	匈牙利	485

续表

国家	产量	国家	产量	国家	产量	国家	产量
法国	5 056	澳大利亚	1 274	葡萄牙	576	希腊	437
西班牙	3 934	南非	1 157	罗马尼亚	575	巴西	320
美国	2 232	德国	1 014	俄罗斯	512	中国	434

注:数据来自联合国下属机构粮食及农业组织(FAO)。

0.1.2 我国葡萄酒工业的发展与现状

我国的酿酒历史悠久。根据考古学者从山东省龙山文化出土的陶制酒器推测,距今约7 000年前,我国就已经会人工造酒了。一些古代文献也有对葡萄酒、梨酒、桃酒、柑橘酒、桑葚酒等的记载。这些果酒以甜、酸、清、香的风味特色而为帝王将相、才子佳人及各兄弟民族所喜爱。

我国葡萄酒生产虽有悠久的历史,但由于受历史条件限制和消费习惯的影响,一直没有得到很好的发展。1892 年华侨实业家张弼士引进 120 多个酿酒葡萄品种,在山东烟台东山葡萄园和西山葡萄园栽培,创建了张裕酿酒公司,并引进国外的酿酒工艺和酿酒设备,使我国的葡萄酒生产走上了工业化生产的道路。此后各地陆续建立了几家多由外国人经营的葡萄酒厂。如德国侨民在青岛建立美口酒厂,即后来的青岛葡萄酒厂;俄国人所办的天津立达酒厂,是现在的天津果酒厂前身;吉林通化葡萄酒厂的前身是日本人开设的。这些酒厂的规模虽不大,生产方式也落后,产品单一,但在国内已初步形成了葡萄酒工业。

1949 年以后,葡萄酒工业有了迅速的发展。一方面扩建与改造酒厂,另一方面新建了葡萄酒厂和其他果酒厂。1979 年前,可用作酿酒的葡萄主要有玫瑰香、龙眼、佳利酿,全国葡萄栽培面积仅 340 km^2,1979 年河北沙城葡萄酒厂首开酿酒葡萄良种化的先例,引进 13 个酿酒用名种葡萄 5.4 万株苗木,随后,山东的烟台、青岛;河北的怀来、涿鹿、秦皇岛以及宁夏、甘肃、新疆、辽宁、吉林等地都大力发展酿酒名种葡萄种植,并且有许多产区被国家命名为优质葡萄生产基地。2013 年全国种植葡萄总面积达 7 200 km^2,总产量达 1 138 万 t,占全球葡萄收获面积的 10%,占全球葡萄产量的 16%,是世界第一大鲜食葡萄生产国,葡萄产业在我国呈现蓬勃发展之势。

随着改革开放以来,我国一些大中型葡萄酒厂不断引进国外先进设备、生产工艺和管理经验。许多新工艺、新技术、新设备得到推广应用。例如,防止原料氧化技术,葡萄压榨、澄清、过滤、分离灭菌发酵技术,白葡萄酒快速分离、净化技术,红葡萄酒转桶发酵技术、热浸技术,人工酵母发酵等。新技术的应用,对改进葡萄酒的风味,缩短酿造时间,增强红葡萄酒色泽,提高葡萄酒的整体水平起到了良好的作用。使产量增加,产品结构得到调整,生产条件、技术装备得到改善,我国葡萄酒工业的整体素质有了很大的提高。《新葡萄酒国家标准》(GB 15037—2006)的制定,使我国的葡萄酒生产更加规范,葡萄酒质量与世界葡萄酒生产大国的差距越来越小。随着某些高档葡萄酒成功打入国外市场,标志着我国的葡萄酒工业已发展到一个新的水平。

1979年前，我国生产的葡萄酒大部分为低质甜葡萄酒。1979年，河北沙城长城葡萄酿酒公司进行了"干白葡萄酒新工艺的研究"，随后在河北昌黎进行的干红葡萄酒技术的研究，使干酒生产得以全面开展。现在不仅干白、干红在葡萄酒产品中占有很大比例，半干、半甜、甜、桃红、起泡、加香、冰酒等也大量生产。

1979年后，我国葡萄酒厂迅速增加。改革开放前，全国葡萄酒产量只有5 100万L，2007年葡萄酒产量为66 510万L，同比增长37.05%；工业总产值为148.98亿元，同比增长22.75%；销售产值为146.81亿元，同比增长22.05%。人均葡萄酒年消费量约0.51 L，年增长速度为15%左右。2014年葡萄酒产量达到116 098.95万L，为1979年的22.8倍，同比增长2.11%，成为亚洲乃至世界葡萄酒产量发展最快的国家之一。葡萄酒产量居前5位的为山东、河南、吉林、甘肃、河北，占全国总产量的74.56%；葡萄酒生产分别分布于26个省、市、自治区，葡萄酒生产企业约500家。

表0.2 2014年1—12月全国葡萄酒产量分省市统计表

地　区	1—12月止累计/万L	1—12月累计同比增长/%
全国	116 098.95	2.11
北京	701.43	-15.65
天津	2 023.30	-3.55
河北	6 665.26	2.5
山西	626.37	61.66
内蒙古	657.61	74.34
辽宁	4 056.83	-3.94
吉林	16 550.35	-13.27
黑龙江	3 822.00	-22.29
上海	33.30	-48.61
江苏	—	—
浙江	—	—
安徽	—	—
福建	9.57	-68.69
江西	851.00	52.21
山东	39 230.64	-2.4
河南	16 777.28	21.6
湖北	157.68	2.88
湖南	889.20	19.84
广东	—	—
广西	256.90	11.21
海南	—	—

续表

地　区	1—12 月止累计/万 L	1—12 月累计同比增长/%
重庆	—	—
四川	122.60	40.17
贵州	3.66	94.26
云南	2 461.30	12.81
西藏	—	—
陕西	5 405.03	30.96
甘肃	7 343.93	6.79
青海	—	—
宁夏	2 022.14	18.83
新疆	5 431.57	20.13

数据来源:国家统计局,中国产业信息网整理。

由表 0.2 中数据可知,由于受消费习惯、消费水平的影响,以及受到啤酒和其他饮料工业的冲击,我国的葡萄酒销售市场一直不畅,产量增长不多。无论是年产量,还是人均年消费量,与葡萄酒工业发达的国家相比,差距还很大。随着人民生活水平的不断提高,饮食结构的改变,国内消费量将会有大幅度增长。随着国际市场需求量的增加,扩大葡萄酒的出口也是有前景的。为此,就需培养一批葡萄栽培和葡萄酒酿造的专业人才,加强科学研究,加速科技成果的转换,全面提高我国葡萄酒的质量,增强国际竞争力,消除国内葡萄酒走向国际市场的各种障碍,加速我国葡萄酒工业的发展。

我国葡萄酒产业发展目标:不断提高国产葡萄酒的综合品质;尽快消除同质化现象,体现中国葡萄酒典型、独特的风格;进一步完善葡萄酒产品结构,满足葡萄酒消费市场的个性需求;完善相关的政策法规,特别是建立可执行的法规标准。

任务 0.2　葡萄酒在国民经济中的地位与价值

葡萄酒是国际性饮料酒,由于酒精含量低,营养价值、医疗价值与经济价值高,成为饮料酒中主要发展的品种,产量仅次于啤酒。发展葡萄酒和其他果酒生产,符合国家提出的“高度酒向低度酒转变、粮食酒向果酒转变、蒸馏酒向酿造酒转变、普通酒向优质酒转变”的方针。葡萄酒和其他果酒的生产,在我国国民经济中占有非常重要的地位。

0.2.1　葡萄酒在国民经济中的地位

葡萄通过酿造制成葡萄酒,可增加产值和利税,为国家积累资金。随着退耕还林和农村果树种植面积不断增加,水果产量不断攀升。生产葡萄酒和其他果酒,可以转化大量水果,解决果农民卖水果难的问题,转移农村劳动力,提高农民收入,缩小城乡距离,在我国农村产业调整中有着重要的作用。

葡萄酒厂投资较少,回报高,建厂容易。一般建厂后2~3年即可收回投资。葡萄酒在国际市场销售前景广阔,出口换汇率也较高,是为国家积累外汇的一条好渠道。张裕公司2002年葡萄酒产量为5 000万L,销售额超过10亿元,实现利税4.3亿元;2008年实现销售收入345 344.23万元,同比增长26.49%;利润总额118 324.899万元,同比增长24.63%;王朝公司2008年产品销售量达到5 499万瓶,增长13.56%,销售额14.42亿元(含税)增长13.5%;中国长城葡萄酒公司年产系列葡萄酒5 000万L以上,连续6年利税超亿元。

0.2.2 葡萄酒具有较高的营养保健价值

葡萄酒是用鲜葡萄酿制成的发酵酒,除含有一定量的乙醇外,还含有其他醇类、酯类以及有机酸、糖类,同时还富含有20多种氨基酸、矿物质、多种维生素和一些对人体有益的微量物质等成分。大量营养物质是人体易吸收的,对人体的保健起很好的作用。因此,葡萄酒是目前世界上最健康、最卫生的饮料酒之一。适量饮用葡萄酒,除了能助兴、增加营养、促进食欲等外,还能起到活血、通脉、利尿、助药力和防治心血管疾病的作用。国外一些医药研究机构认为,葡萄酒消耗量和心脏病死亡率之间,有着非常明显的关系。根据对10多个国家调查显示,在葡萄酒消费量最高的法国和意大利,心脏病死亡率低于葡萄酒消费量低的其他国家。因为葡萄酒中含有多酚类物质,能抵抗体内一种影响心脏功能的内毒素,尤其是白藜芦醇作用更大。因此,适量饮用葡萄酒对心脏病能起到很好的缓解作用。白藜芦醇还具有抗衰老和延长寿命的作用,红酒中白藜芦醇类物质的含量一般明显高于白葡萄酒,这也是近年来红酒市场占有率明显高于白葡萄酒的重要原因。

葡萄残渣中的葡萄核是一种极为宝贵的材料,它的含量与葡萄品种有关。葡萄核可用来榨油,核的含油量达10%以上。葡萄油的营养价值很高,富含维生素P,可用于治疗血管硬化,是高空作业人员专供食品的重要成分,是生产保健食品的理想原料。

任务0.3 葡萄酒的特征及分类

0.3.1 葡萄酒的特征

葡萄酒、果酒与其他酒类比较,有其独特的优点:

①葡萄酒营养丰富,具有营养价值和医疗价值。如前所述,葡萄酒是含有多种营养成分的饮料酒,其中糖类是人体热能的主要来源,可供应身体功能和肌肉活动,帮助消化和调节蛋白质、脂肪的代谢。含糖19%、酒精含量16%(vol)的优级葡萄酒,每1 L的发热量在5.024 kJ以上。酒中的有机酸可调节生理上的酸碱平衡,有益于人体健康。另外,酒中的多种氨基酸、维生素及矿物质,对维持和调节人体生理机能都起到了良好的作用。

②葡萄酒酒精含量低。葡萄酒和其他果酒一样,酒精含量都较低,这是因为果实本身的

含糖量受到一定的限制,酿造优质葡萄酒和果酒必须要利用天然糖类发酵而成。另外,长期以来,消费者已形成一定的消费习惯,喜好酒精含量低的果酒。

优质葡萄酒和果酒由于经过精心发酵和一定时期的贮存,酒精含量低,而且酒精完全与酒中其他成分相互融合,消费者一般觉察不到酒精的气味和不舒服的感觉。优质果酒酒体完整、醇厚、协调、丰满、典型性强。

③葡萄酒品种较多,饮用方法各异,既可作佐餐酒,也可作餐前酒或餐后酒。佐餐酒就是指在就餐过程中饮用的酒。就餐时通常饮用干白、干红葡萄酒或其他干型的果酒,也可因菜肴不同而饮用不同品种的酒,如食海鲜或清蒸、干烤等菜肴,可选择干白葡萄酒、半干白葡萄酒或其他干型果酒。食红烧、煎、炸等类食物,可选饮干红葡萄酒、半干红葡萄酒或其他干红果酒。干酒、半干酒,一般接待客人座谈聊天时,选用较多。餐后酒是指在饭后饮用,大部分选用甜葡萄酒或其他甜果酒,也有选用白兰地酒的。如果是喜庆宴席,可在餐前、餐后或宴会高潮时饮用香槟等起泡酒,倾听一声拔塞时清脆的响声,以示吉利。

0.3.2 葡萄酒的分类

葡萄酒的种类很多,因葡萄的栽培、葡萄酒生产工艺的条件不同,产品风格各不相同。一般按酒的颜色深浅、含糖多少、含不含 CO_2 及采用的酿造方法等来分类,国外也有采用以产地、原料名称来分类的。

1)按国家《葡萄酿酒技术规范》中对葡萄酒的分类

葡萄酒是指以新鲜葡萄或葡萄汁为原料、经全部或部分发酵酿制而成的、酒精度大于等于7.0%(Vol)的发酵酒。

(1)葡萄酒按酒中的含糖量和总酸可分为

①干葡萄酒(dry wines):含糖(以葡萄糖计)小于等于4.0 g/L。或者当总糖高于总酸(以酒石酸计),其差值小于等于2.0 g/L时,含糖量最高为9.0 g/L的葡萄酒。

②半干葡萄酒(semi-dry wines):含糖量大于干葡萄酒,最高为12.0 g/L。或者当总糖高于总酸(以酒石酸计),其差值小于等于2.0 g/L时,含糖量最高为18.0 g/L的葡萄酒。

③半甜葡萄酒(semi-sweet wines):含糖量大于半干酒,最高为45 g/L的葡萄酒。

④甜葡萄酒(sweet wines):含糖量大于45.0 g/L的葡萄酒。

(2)按葡萄酒中 CO_2 的含量可分为

①平静葡萄酒(still wines):在20 ℃时,葡萄酒中 CO_2 的压力小于0.05 MPa时,称平静葡萄酒。

②起泡葡萄酒(sparkling wines):在20 ℃时,葡萄酒中 CO_2 的压力大于等于0.05 MPa的葡萄酒。起泡葡萄酒又分低泡葡萄酒和高泡葡萄酒两种。

A.低泡葡萄酒(semi-sparkling wines):在20 ℃时,葡萄酒中 CO_2(全部自然发酵产生)的压力在0.05~0.25 MPa的起泡葡萄酒。

B.高泡葡萄酒(sparkling wines):在20 ℃时,葡萄酒中 CO_2(全部自然发酵产生)的压力大于等于0.35 MPa(对于容量小于250 mL的瓶子 CO_2 压力大于等于0.3 MPa)的起泡葡萄酒。

a.天然起泡葡萄酒(brut sparkling wines):酒中糖含量小于等于12.0 g/L(允许差为3.0 g/L)的高泡葡萄酒。

b. 绝干高泡葡萄酒(extra-dry sparkling wines):酒中糖含量为12.0~17.0 g/L(允许差为3.0 g/L)的高泡葡萄酒。

c. 干高泡葡萄酒(dry sparkling wines):酒中糖含量为17.0~32.0 g/L(允许差为3 g/L)的高泡葡萄酒。

d. 半干高泡葡萄酒(semi-dry sparkling wines):酒中糖含量为32.0~50.0 g/L的高泡葡萄酒。

e. 甜高泡葡萄酒(sweet sparkling wines):酒中糖含量大于50.0 g/L的高泡葡萄酒。

(3)特种葡萄酒

特种葡萄酒是指用鲜葡萄或葡萄汁在采摘或酿造工艺中使用特定方法酿制而成的葡萄酒。

①利口葡萄酒。由葡萄生成总酒度为12%(vol)以上的葡萄酒中,加入葡萄白兰地酒、食用酒精或葡萄酒精以及葡萄汁、浓缩葡萄汁、含焦糖葡萄汁、白砂糖等,使其终产品酒精度为15.0%~22.0%(vol)的葡萄酒。

②葡萄汽酒。酒中所含CO_2部分或全部由人工添加的,具有同起泡葡萄酒类似物理特性的葡萄酒。

③冰葡萄酒。将葡萄推迟采收,当气温低于-7 ℃,使葡萄在树枝上保持一定时间,结冰、采收,在结冰状态下压榨、发酵,酿制而成的葡萄酒(在生产过程中不允许外加糖源)。

④贵腐葡萄酒。在葡萄的成熟后期,葡萄果实感染了灰绿葡萄孢,果实的成分发生了明显变化,用这种葡萄酿制而成的葡萄酒。

⑤产膜葡萄酒。葡萄汁经过全部酒精发酵,在酒的自由表面产生一层典型的酵母膜后,加入葡萄白兰地酒、葡萄酒精或食用酒精,所含酒精度大于等于15.0%(vol)的葡萄酒。

⑥加香葡萄酒。酒为酒基,经浸泡芳香植物或加入芳香植物的浸出液(或馏出液)而制成的葡萄酒。

⑦低醇葡萄酒。采用鲜葡萄或葡萄汁经全部或部分发酵,采用特种工艺加工而成的、酒精度为0.5%~1.0%(vol)的葡萄酒。

⑧脱醇葡萄酒。葡萄或葡萄汁经全部或部分发酵,采用特种工艺加工而成的、酒精度为0.5%~1.0%(vol)的葡萄酒。

⑨山葡萄酒。采用鲜山葡萄或山葡萄汁经过全部或部分发酵酿制而成的葡萄酒。

⑩年份葡萄酒。所标注的年份是指葡萄采摘的年份,其中年份葡萄酒所占比例不低于酒含量的80%(体积分数)。

⑪品种葡萄酒。用所标注的葡萄品种酿制的酒所占比例不低于酒含量的75%(体积分数)。

⑫产地葡萄酒。用所标注的产地葡萄酿制的酒所占比例不低于酒含量的80%(体积分数)。

(4)葡萄蒸馏酒

葡萄酒或经发酵的葡萄皮渣经过蒸馏而获得的蒸馏液。

(5)葡萄原酒

葡萄汁完成酒精发酵后进入贮存阶段的酒称为葡萄原酒。

2)按酒的颜色分类

(1)白葡萄酒

用白葡萄或皮红肉白的葡萄分离发酵制成。酒的颜色微黄带绿,近似无色或浅黄、禾秆黄、金黄。凡深黄、土黄、棕黄或褐黄等色,均不符合白葡萄酒的色泽要求。

(2)红葡萄酒

采用皮红肉白或皮肉皆红的葡萄通常经葡萄皮和汁混合发酵而成。酒色呈自然深宝石红、宝石红或紫红、石榴红,凡黄褐、棕褐或土褐颜色,均不符合红葡萄酒的色泽要求,绝对不能用人工合成色素。

(3)桃红葡萄酒

用带色的红葡萄酒带皮发酵或分离发酵制成。酒色为淡红、桃红、橘红或玫瑰色。凡色泽过深或过浅均不符合桃红葡萄酒的要求。这一类葡萄酒在风味上具有新鲜感和明显的果香,含单宁不宜太高。因此,葡萄皮和汁混合的时间一般为 24 ~ 36 h 为宜。玫瑰香、黑比诺、佳利酿、法国蓝等品种,都适合酿制桃红葡萄酒。

3)按酿造方法分类

(1)天然葡萄酒

完全采用葡萄原料进行发酵,发酵过程中不添加糖分和酒精,选用提高原料含糖量的方法来提高成品酒精含量及控制残余糖量。

(2)加强葡萄酒

发酵成原酒后用添加白兰地酒或脱臭酒精的方法来提高酒精含量,这种酒称作加强干葡萄酒。既加白兰地酒或酒精,又加糖以提高酒精含量和糖度的称作加强甜葡萄酒,我国称为浓甜葡萄酒。

(3)加香葡萄酒

采用葡萄原酒浸泡芳香植物,再经调配制成,属于开胃型葡萄酒,如味美思、丁香葡萄酒、桂花陈酒;或采用葡萄原酒浸泡药材,精心调配而成,属于滋补型葡萄酒,如人参葡萄酒。

(4)葡萄蒸馏酒

采用优良品种葡萄原酒蒸馏,或发酵后经压榨的葡萄皮渣蒸馏,或由葡萄浆经葡萄汁分离机分离得到的皮渣加糖水发酵后蒸馏而得。一般再经细心调配的称作白兰地酒,不经调配的称作葡萄烧酒。

(5)起泡酒及汽酒

详见第一种分类方法。

0.3.3 法国葡萄酒的四大等级

法国法律将法国葡萄酒分为四级,即法定产区葡萄酒、优良地区餐酒、地区餐酒、日常餐酒。

1)法定产区葡萄酒

法定产区葡萄酒,级别简称为 AOC,是法国葡萄酒的最高级别。AOC 在法文中,意思为“原产地控制命名”。原产地地区的葡萄品种、种植数量、酿造过程、酒精含量等都要得到专家认证。只能用原产地种植的葡萄酿制,绝对不可和其他地方的葡萄汁勾兑。AOC 产量大约占法国葡萄酒总产量的35%。

酒瓶标签标示为 Appellation+产区名+Controlee。

2)优良地区餐酒

优良地区餐酒,级别简称为 VDQS,是普通地区餐酒向 AOC 级别过渡所必须经历的级别。

如果在 VDQS 时期酒质表现良好,则会升级为 AOC,产量只占法国葡萄总产量的 2%。

酒瓶标签标示为 Appellation+产区名+Qualite Superieure。

3)地区餐酒

地区餐酒 VIN DE PAYS(英文意思 Wine of Country)。日常餐酒中最好的酒被升级为地区餐酒。地区餐酒的标签上可以标明产区。可以用标明产区内的葡萄汁勾兑,但仅限于该产区内的葡萄。产量约占法国葡萄酒总产量的 15%。法国绝大部分的地区餐酒产自南部地中海沿岸。

酒瓶标签标示为 Vin de Pays+产区名。

4)日常餐酒

日常餐酒 VIN DE TABLE(英文意思 Wine of the table),为最低档的葡萄酒,作为日常饮用,可以由不同地区的葡萄汁勾兑而成。如果葡萄汁限于法国各产区,可称法国日常餐酒,不得用欧共体外国家的葡萄汁。产量约占法国葡萄酒总产量的 38%。

酒瓶标签标示为 Vin de Table。

0.3.4 名葡萄酒简介

我国葡萄酒工业经过多年的发展,不仅产量增加,花色品种增多,质量也不断提高。有些产品数次荣获国家评酒会名优产品称号,有的产品还获得了国际评酒会的荣誉称号。为了便于了解我国以前的葡萄酒生产水平,特将 20 世纪 90 年代前的部分名优产品介绍如下:

(1)葵花牌烟台红葡萄酒

由山东烟台张裕葡萄酿酒公司生产,为甜型红葡萄酒,酒液呈鲜艳的宝石红色,果香明显,酒香优美,味甜爽舒愉,余味醇和丰满。原料以玫瑰香品种为主,同时选用玛瑙红等酿造品种,工艺精良,酒质要求严格。该产品早在 1915 年巴拿马万国博览会就获得金质奖章。新中国成立后,在 1952 年第一届评酒会上被评为全国八大名酒之一。1963 年、1979 年、1983 年、1984 年历届评酒会上,连续获得国家名酒称号,是驰名国内外的优秀产品。

(2)长城牌干白葡萄酒

由河北省长城葡萄酒有限公司生产。该公司选用我国特产龙眼品种葡萄,采用前处理澄清工艺及人工培养酵母发酵方法,并采用冷灌装。酒液微黄带绿,果香悦人,酒质细腻,味感爽雅,是具有独特风格的干葡萄酒。1979 年、1984 年两次获得国家金质奖章。1983 年 5 月,在英国伦敦举行的十四届国际评酒会上获得银质奖。1984 年 5 月,在西班牙马德里国际评酒会上获得金质奖,是 1949 年以后首次获得国际奖的产品。

(3)王朝牌半干白葡萄酒

由天津中法合资葡萄酒有限公司生产。这是我国第一个与国外合资的葡萄酒厂。该酒用麝香型系列原料酿制而成,色泽浅黄微带绿,果香浓郁丰满,味感柔和细腻。1984 年获国家金质奖,同年获德国莱比锡国际博览会金奖。

(4)葵花牌烟台味美思

由山东烟台张裕葡萄酿酒公司生产。酒精含量为 18%,含糖量为 15%,呈深红棕色,酒香、果香、植物香三香协调一体,味醇而丰满,柔雅而优美,余味浓酸,独具特色。味美思以白葡萄酒为酒基,调配名贵的中药材,选料严格,制造技术精湛,使酒的色、香、味独具特色,属于开胃葡萄酒，也兼有滋补健身的作用。1915年巴拿马万国博览会上获得金质奖章。1952年、1963年、1979年、1983年和1984年，连续获得国家名酒称号，畅销国内外市场，深受广大消费者青睐。

(5)葵花牌金奖白兰地

该品牌的白兰地酒由山东烟台张裕葡萄酒公司生产，是采用发酵完全的葡萄酒，经蒸馏、调配白兰地酒香料，分桶贮存，冷热处理，经较长时间的陈酿配制而成的。酒液为金黄色，有典型的水芹醚香，味甘洌，余味绵长，风格独特，1915年巴拿马万国博览会上获金质奖章。自1952年第一届评酒会上被评为全国八大名酒后，在历届评酒会上均获得国家优秀产品的称号。

(6)夜光杯牌中国红葡萄酒

由北京东郊葡萄酒厂生产。该酒采用名贵的赤霞珠、佳利酿等品种，按加强葡萄酒工艺生产，贮存期中处理严格，质量要求精细，酒液呈鲜艳的宝石红色，果香浓郁，酒香协调，口味纯正，酸甜爽口，余味醇和。在1963年、1979年、1983年、1984年的历届评酒会上，连续获得国家名酒称号。

(7)红梅牌中国通化葡萄酒

由吉林通化葡萄酒公司生产。采用长白山无污染的野生葡萄为原料，加工方法同红葡萄酒的酿造方法。该酒的特点是色泽鲜艳，呈美丽的宝石红色，酒质醇厚清澈爽口，具有浓郁的山葡萄果香，是我国采用耐寒山葡萄酿制葡萄酒的典型代表产品，酒精含量为15%，含糖15%，酸甜适中，口感丰满，并具有不易失光产生沉淀的特点。1954年开始出口，是国内外市场畅销的产品。于1963年、1983年、1984年的评酒会上被评为国家优秀产品。

(8)丰收牌桂花陈酒

由北京葡萄酒厂生产。采用优秀白葡萄酒为酒基，以金桂花为主体香，经加工调配贮存制成，这在加香酒中是独树一帜的。酒液呈橘黄色，葡萄果香、酒香、桂花香三香协调一体，香气浓郁，味舒愉细致，幽雅而洁净，独具特色。1959年作为国庆10周年献礼产品，颇受各界人士欢迎。1963年、1979年、1983年和1984年，连续被评为国家优质产品。在1985年法国国际高品质评比会上获得金奖，于1986年西班牙马德里第四届国际酒类饮料评比会和法国巴黎国际食品博览会上均获金奖。

【自测题】>>>

1. 思考题

(1)谈谈你对葡萄酒和葡萄酒生产的认识。

(2)写出我国主要的葡萄酒生产企业。

(3)简述葡萄酒的分类情况。

2. 知识拓展题

(1)谈谈我国葡萄酒业在未来几年的发展趋势。

(2)目前我国知名品牌的葡萄酒有哪些？市场分布如何？

项目1

葡萄酒原料的生产技术

【学习目标】

1. 了解葡萄园的建设标准。
2. 了解酿酒葡萄品种的选择依据及各品种生物学特性。
3. 了解葡萄栽培管理方法。
4. 了解葡萄品质及其有效成分含量。

任务1.1 葡萄标准化建园

栽植葡萄前要对当地的地形、土壤、水源以及交通、市场销售等方面的情况作详细的调查,扬长避短,选择合适的园地,为葡萄丰产打下良好的基础。我国华中、华北南部温暖多雨地区,一定要注意选择向阳的山地、坡地和易排水的地区建立葡萄生产园地,以保证葡萄生长期有足够的光照和相对较为干旱的生态环境。在河滩地发展葡萄生产时要选择地下水位不高、园地不积水的地方,并通过增施有机肥等措施改良土壤,为葡萄生长与结果创造一个适宜的环境。

葡萄是多年生果树,栽植后要在同一地点生长结果几十年,并且建园过程中需投入大量人力、物力和财力。要取得较好的经济效益,栽植前认真选择葡萄园址和进行规划设计是十分重要的。

1)园地选择

园地选择的要求如下:

(1)根据当地的自然条件选择园址

葡萄栽培较易,适应性也较强,但并非任何地方都能栽培葡萄。建园前必须对当地的有关气候、土壤条件进行详细调查,与所栽培品种对生态条件的要求是否相一致。另外,要根据当地的自然条件,充分利用小区域、小气候特点,克服和缓和不利因素。例如,在降雨偏多、夏秋湿度较大的地区,可选择开阔的山坡地建园,以利于通风和排水;在气候炎热地区,可在海拔较高的地方选择园址。具体要求是地势高燥、阳光充足、排灌方便,在平地要求地下水位1 m以下,附近有充足的水源。土层深厚、土壤肥沃、土质疏松,最适土壤 pH 值为6.5~7.5。

(2)根据市场需要确定建园规模和发展品种

现代农业的一个最突出的特点就是产业化生产,没有一定的规模,就形不成产地,不能培育自己的市场,打不出自己的品牌,就很难参与市场竞争,取得更大的效益。为了取得较好的经济效益,避免因盲目发展而造成的重大经济损失,在建园前要对市场进行调查和预测,根据市场需求和经济效益确定发展规模和栽培品种,做到品种对路、供需协调。

(3)交通运输方便

葡萄浆果不耐贮运,大量结果后,及时运往市场销售是生产中的一个重要环节,因此,葡萄园应建在交通便利的地方,如城镇郊区,铁路、公路沿线,以保证产品及时外运。

2)园地规划与设计

建立大型葡萄园,必须事先进行规划和设计。经实地勘测,绘制出切实可行的葡萄园总体规划图。合理的规划与设计是保证葡萄园丰产、优质、高效益的必要条件。

(1)小区的划分

面积较小的葡萄园不必划分小区。大型葡萄园为了管理方便,应划分若干个小区。小区的大小视葡萄园具体情况而定。山地应根据梯田的自然地形划地区和确定小区的大小,一般以 5 ~ 6 km^2 为一小区；平地机械化程度较高的，小区可稍大，以 10 ~ 15 km^2 为宜。小区的边长应尽量不短于 200 m，短边应为长边的 1/3 ~ 1/2，以便于机械作业。

(2) 道路设置

根据葡萄园的面积大小和地形地势，本着既方便于栽培管理和交通运输，又有利于节省土地的原则，确定道路的等级及配置。一般主道贯穿全园，宽 5 ~ 8 m；分区设支道，宽 3 ~ 4 m；小区内设作业道，宽 2 ~ 2.5 m。小型葡萄园可以不设支道。

(3) 排灌系统

葡萄园灌溉系统的设计应首先考虑水源、水质和水量。水源主要包括地下水（井）、河水、湖水和山泉水，水质是否符合农业灌溉用水的要求，水量是否能满足葡萄生长所需要的数量，应根据这些条件设计灌溉的方法和系统。

在水源充足的地方可采用自流灌溉系统，设计总灌渠、支渠和灌水沟三级，小型葡萄园可只设灌渠和灌水沟二级。在水源不太充足的地方，可采用喷灌、滴灌等节水灌溉系统。

在地下水位 1 m 以内的低洼地、地表径流大、易发生冲刷的山坡地，应设置排水系统。排水系统也可分三级或二级。灌排渠道应与道路系统相配合，一般设在道路两侧。

(4) 防护林

防护林具有降低风速、稳定气流、保证葡萄不受大风危害、改善小气候的作用，它的建设应与当地主风向垂直，与道路渠道相结合，做到布局合理，节约用地。

3) 品种选择

为了进行优质高效无公害栽培，必须根据本地区自然条件，按不同品种的生物学特性，严格选用优良品种进行建园。适合国内栽培的酿酒葡萄品种有以下 4 种：

①干红酒葡萄品种：如黑比诺、赤霞珠、梅鹿辄、法国兰、品丽珠等。

②干白酒葡萄品种：如贵人香、霞多丽等。

③甜葡萄酒品种：如赛美容等。

④调色葡萄品种：如烟 73、烟 74 等。

4) 良种繁育及苗木标准

(1) 育苗方法

一般为常规育苗和快速育苗。常规育苗有两种，即扦插育苗、嫁接育苗。快速育苗是经过生长调节剂、电热线催根处理后，再进行育苗。

(2) 露地扦插（壮苗）标准

具直径 3 cm 以上根系 5 条，根长 20 cm 以上；茎长 ≥20 cm，茎径（地面以上 10 cm 处粗度）≥0.7 cm；充分成熟，无失水现象，无病虫害。

(3) 营养袋苗（壮苗）标准

茎长 10 cm 以上，具 5 片以上展开的叶片；具 5 条以上的根，根长 5 ~ 10 cm（隔袋能看见根系）；无病虫害，土壤不散裂。

任务1.2 酿造用葡萄品种的选择

全世界现有的葡萄品种约有5 000种,我国现有的葡萄品种约1 000种。葡萄品种的选择影响着所酿造葡萄酒的产量、品质和类型。另外,气候、土壤以及栽培技术等条件,也影响葡萄品种特性的表达。所以说葡萄品种选择是一个葡萄酒产区,或者一个葡萄酒生产企业首要考虑的问题。

1)葡萄品种的选择依据

(1)依据葡萄品种自身特性

葡萄品种自身的特性包括品种的成熟期、品种的感官特性、品种的结实能力、品种对逆境条件的抵御能力、品种的酿酒特性等方面。不同葡萄品种具有其特定生长与发育习性,但是其生长季的热量资源以及水分供应条件又会影响这种习性,尤其是其成熟期会显著受环境条件的影响。

(2)依据品种对现场条件适应性

尽管葡萄品种的特性是由基因控制,但是,当地气候条件以及栽培与酿造技术也会影响这些特性的表现。所以选择葡萄品种应使其熟性与当地气候条件相适应。有些葡萄品种要与特定产区高度相关,如霞多丽(Chardonnay)在冷凉产区和干热产区的风味特色差异较大。所谓的风土特色,或者说特产产品,品种也是形成其风格特色的要素。如果期望生产具有地域特色的产品,必须选择能够很好表现这种地域特色的品种。例如,波尔多不能种植霞多丽(Chardonnay),夏布利不能种植长相思(Sauvignon Blanc)。

(3)依据当地栽培技术条件

技术影响主要表现在以下几个方面:砧木的选择,叶木管理方式,做好短梢修剪,可以刺激一些低产品种产量提高;做好植保措施可以使葡萄生长正常,保证品种特性。酿酒葡萄砧木选择的原则,砧木需要具有以下特性:抗土壤病虫害,如抗根瘤蚜、线虫;与土壤的理化性状相适应,如土壤肥力,土壤酸碱性,土壤盐分;与接穗亲和力好。

土壤条件、气候条件、栽培技术、整形修剪及果实的负栽量等。但这些因素都是外部因素,决定葡萄质量的内因,是葡萄的品种。葡萄品种的遗传性,决定了它的潜在质量。在同样的栽培条件下,不同的葡萄品种,具有不同的色香味,含有不同量的糖、酸、芳香物质、酚类物质及其他物质。这些成分决定了所酿成的葡萄酒的酒度、酸度、芳香性、优雅性。

根据生态条件及品种特性,各地在进行酿酒试验的基础上,在同样条件下应选植著名品种。根据国际葡萄酒发展实践,酿酒葡萄品种应优先选择欧亚品种为宜。

2)酿造红葡萄酒的优良品种

(1)赤霞珠

赤霞珠别名解百难、苏味浓,欧亚种,系西欧品种群,原产法国,为法国古老品种,1892年由法国引进我国。现有很多优良无性系:丰产型优系有15号、169号,产量中等;富含花青素优系是337号。该品种树势较强,在北方地区4月下旬萌芽,6月上旬开花,9月下旬至10月上旬成熟。熟期一致,生长期为155~165 d,需要有效积温3 150~3 300 ℃。果穗中等大小,呈圆锥形，穗长15.5 cm，宽约10 cm，果粒着生中等紧密，平均穗重170 g。果粒中等大小，近圆形，百粒重182 g，紫黑色，果粉厚。皮厚，果肉较硬。果实出汁率为72%～78%，果汁颜色宝石红色，晶亮透明，可溶性固形物含量为17%～21%，含酸量为0.8%～1.0%，味甜酸，有青草味。酿出的酒质呈宝石红色，晶亮，醇厚和谐，目前赤霞珠葡萄在山东烟台、龙口、淄川、济南等地有成片栽培，北京、辽宁、河南、江苏也有栽培，近年在山东青岛及河北秦皇岛、昌黎等地已大面积发展，是目前生产特优干红葡萄酒的主要原料品种。

(2)蛇龙珠

蛇龙珠别名解百纳、随你选，欧亚种，原产法国，为法国古老品种。1892年由法国引入我国烟台。该品种树势强，3月底至4月初萌芽，5月中下旬始花，9月上中旬果实成熟。生长期150 d以上，有效积温3 200 ℃以上。芽眼萌发率较高，结果枝占芽眼总数的70%左右，果皮厚，紫红色，上着较厚的果粉。味甜多汁，具有青草味，可溶性固形物含量为17.1%～19.5%，含酸量为0.6%～0.8%，出汁率在75%以上，用它酿成的干红葡萄酒，果香浓、典型性强。抗病力强，耐旱，耐瘠薄，抗寒性弱。在疏松土壤、砂质土壤和干、湿地栽培均宜。胶东葡萄产区已推广发展。北京、天津、河南等地有少量栽培。近年来，河北昌黎等酿酒葡萄产区已有发展，成为主栽品种之一。

(3)品丽珠

品丽珠，欧亚种，原产法国，为法国的酿酒古老品种。1892年由法国引入我国烟台。现东北、华北等地有少量栽培。近年来在山东青岛、河北昌黎、甘肃武威、新疆部分地区等酿酒葡萄发展区，已成为主栽品种之一。该品种树势较强，在华北大部分地区是4月下旬萌芽，6月上旬开花，9月下旬果实成熟。生长期158 d，需要有效积温3 200 ℃，成熟期一致。结实率较强，结果枝占总芽数的36.8%～45.3%，果穗中等大小，呈圆锥形，果粒着生紧密。果粒中等大小，呈圆形，紫黑色，果粉厚，果皮中厚，果肉多汁，味酸甜，有浓郁青草味，并带有欧洲草莓独特香味。果实出汁率在67%以上。果汁颜色宝石红色，澄清透明。可溶性固形物含量为16%～19%，有机酸含量为0.6%～0.8%。酿成的酒具有醇厚和谐的果香和酒香，低酸、低单宁，滋味醇正，酒体完美。与赤霞珠调配可制出高级干红葡萄酒。

(4)法国蓝

法国蓝别名蓝法兰西，欧亚种，原产于奥地利。1915年由烟台张裕葡萄酿酒公司从奥地利引入我国，现华北、黄河故道地区都有栽培。该品种树势中庸，4月中旬萌芽，5月下旬开花，9月上中旬成熟，中熟品种。生长期为130～137 d，需有效积温2 890～2 980 ℃。萌芽率68%，结果枝率约55%，每根结果枝平均1.6个果穗。果穗较大，呈圆锥形，带副穗，一般重250～300 g。果粒着生紧密，蓝黑色，果粉厚，皮厚且韧。果肉松软多汁，可溶性固形物含量为17%～18%，含酸量0.6%左右，出汁率为68%～70%。该品种生长势中庸，易控制，好管理。对土质要求不严格，在较瘠薄的山地和沙地条件下也能生长良好，适宜旱地和山坡地栽植。酿成的酒呈宝石红色，澄清发亮，柔和爽口，香气完整，是配制红葡萄酒的优良品种。

(5)佳丽酿

佳丽酿别名加里娘、佳里酿、佳酿，欧亚种，是西欧各国的古老酿酒优良品种之一。目前我国山东、河北、河南等产区有较大面积栽培。植株生长势强，芽眼萌发率高。每根结果枝平均有花序1.9个，二次枝结实力强，幼树进入结果期早，极丰产。适应性强，耐盐碱。宜立架、小棚架栽培,混合修剪。4月初萌芽,5月中旬开花,9月初成熟。生长期150 d左右,需有效积温3 500 ℃。果穗中等大或较大,呈圆锥形,果粒着生极紧,粒中等大,成熟期不甚一致,长圆形,紫黑色,百粒重250~300 g。肉软多汁,味酸甜。可溶性固形物含量为15.5%~18.5%,含酸量为0.71%~0.91%,出汁率为75%~80%。该品种是世界古老的酿造红葡萄酒的品种之一,所酿之酒呈宝石红色,味正,香气好,宜与其他品种调配,去皮可酿成白或桃红葡萄酒。

(6)西拉

西拉别名红西拉、吉姆莎,原产巴尔干半岛。目前黄河故道的河南、安徽、山东栽培较多。植株生长势中等,芽眼萌发率高。每根结果枝平均有花序1.4个,产量中等偏高,适应性较强,济南地区物候期:4月初萌芽,5月中旬开花,8月中旬成熟。生长期约135 d,需有效积温3 100 ℃。果穗中等大小,呈圆柱形,穗重280 g左右。果粒着生紧密,果粒中等大小,圆形,呈蓝黑色,百粒重210 g左右,果皮下色素层厚,味酸甜。可溶性固形物含16.9%~18.5%,含酸量0.65%~0.75%,出汁率75%。该品种系酿造红葡萄酒的古老、著名品种,用其酿造的红葡萄酒是世界著名红酒品种之一。

(7)玫瑰香

玫瑰香别名紫玫瑰香、汉堡麝香、穆斯卡特、麝香穆斯卡特,欧亚种,是世界著名的品种。分布面积极广,也是我国分布最广的品种之一,各主要葡萄产地均有栽培。植株生长势中等,芽眼萌发率中等。每根结果枝平均有花序1.7个,多次结实力强,幼树进入结果期早,丰产。适应性强,喜肥水,抗病、抗寒、抗旱力中等。宜棚架、立架栽培,中、短梢修剪。北京地区物候期4月上旬萌芽,5月中下旬开花,9月初成熟。生长期145 d,需有效积温3 300 ℃。是一个鲜食、酿酒的兼用品种。果穗中等大小,呈圆锥形,穗重390 g左右,最重可达1 300 g。果粒着生中等紧密,果粒中等大小,椭圆形,红色至深紫红色。肉软多汁,具有浓郁的玫瑰香味。可溶性固形物含量为17%~21%,含酸量为0.65%~0.75%,出汁率在80%左右。

该品种为世界古老的著名鲜食、酿酒、制汁的兼用品种。以玫瑰香酿造的红、白葡萄酒品质极佳,世界不少地区已将它加工成著名窟香型葡萄酒。我国烟台的张裕葡萄酒公司、天津的王朝葡萄酒公司及河北省昌黎的地王酿酒公司均以它为主要原料进行中、高档葡萄酒的酿造。适宜酿造红葡萄酒的品种还有美乐(梅鹿辄)、黑品乐、佳美、味而多、宝石等。

3)酿造白葡萄酒的优良品种

(1)霞多丽

霞多丽别名查当妮、莎当妮,原产于法国。1892年烟台张裕公司首次从法国引入我国,目前在河北沙城、昌黎和山东青岛、烟台及北京等地大量栽培。树势生长强健,在北京地区4月下旬萌芽,6月上旬开花,9月上旬果实成熟。生长期149 d,需生长积温3 147 ℃。结实能力强,在全部萌发的新梢中,结果枝占75%以上,果穗中等大小,呈圆锥形,平均穗重275 g。果粒中等大小,呈绿黄色,近圆形,百粒重198 g。果皮中厚,果肉稍硬,果汁较多,风味酸甜。果实出汁率76%以上,果汁可溶性固形物为18.2%~19.5%,含酸量为0.6%~0.68%。酿成的酒浅金黄色,微绿晶亮,味醇和,回味好,适于配制干白葡萄酒和香槟酒。该品种适应性强,能在各种土壤上种植,抗寒和抗病能力均较强。由于结果早和丰产性能好,因此,对肥水条件要求较高。篱架栽培时应注意更新,控制结果部位上移。

(2)贵人香

贵人香别名意斯林、意大利里斯林,欧亚种,原产于意大利。21世纪初由烟台张裕酿酒公司从欧洲引入我国,目前山东、河北、山西、陕西、辽宁和河南均有栽培。该品种树势中庸,在河北昌黎地区4月中下旬萌芽,5月下旬或6月上旬开花,9月中下旬果实充分成熟。生长期为153~158 d,需有效积温3 240 ℃以上。结实能力强,在全部萌芽的新梢中,结果枝占73.4%。果穗较小,呈圆柱形或圆锥形,平均穗重253 g。果粒小,呈圆形或近圆形,百粒重179 g左右。果粒绿黄色,阳面更黄,有褐色晕斑。果皮较薄,果肉软、多汁,味酸甜。果实出汁率为79%,果汁颜色土黄色,可溶性固形物含量为16.6%~23.7%,含酸量为0.43%~0.71%。可酿制优质的白葡萄酒、香槟酒、白兰地等,酿成的酒,酒体浅黄微带绿色,澄清发亮,果香怡人,柔和爽口,丰满完整。该品种适应性强,较丰产,抗白腐病能力较强,但对肥水条件要求较高。适于篱架栽培和采用中梢修剪。

(3)白羽

白羽别名尔卡奇即利、尔卡齐杰里、白翼、苏58号,欧亚种,属黑海品种群格鲁吉亚群。原产苏联,1956年引入我国。河北、河南及北京有栽培。目前,我国黄河故道、山东、河南、江苏、山西、安徽等地有较大面积栽培。

该品种植株生长势中庸,芽眼萌发率高,幼树开始结果早,产量高。山东济南地区物候期:4月初萌芽,5月中旬开花,8月底至9月初成熟。生长期为144~170 d,需有效积温3 200~3 500 ℃。果穗中等大小,平均穗重250 g,呈圆锥形或圆柱形,果粒着生紧密。果粒中等大小,椭圆形,绿黄色,果粉薄,果肉多汁。味酸甜,含糖量为18.3%,含酸量为0.88%,出汁率为78%。白羽抗病性较强,耐干旱,对风土适应性强,但目前各地栽培的白羽品种退化现象十分严重,应进行脱毒和品种提纯复壮。该果实所酿之酒淡黄色,果香、酒香协调可口,酒体完整,回味时间长,是酿造白葡萄酒的优良品种,用它蒸馏的白兰地,酒质优良。

(4)龙眼

龙眼又名秋紫,原产中国,欧亚种。是我国葡萄栽培最广、株数最多的鲜食和酿酒兼用品种。树势极强。嫩梢绿色。幼叶上下表面有稀疏白色茸毛,略带红褐色,叶面有光泽。辽宁省5月上旬萌芽,6月中旬开花,9月上旬开始着色,10月上中旬成熟。从萌芽到浆果成熟需155 d左右,有效积温约3 300 ℃。果穗大,呈圆锥形,果粒着生较紧密,果粒中等大小,近圆形。果皮中等厚,紫红色,果粉多。果肉柔软多汁,味甜酸,无香味,含糖量为16%,含酸量为0.6%,出汁率为71.58%左右。结实率较低,结果枝占25.4%。抗旱力强,抗寒力中等,抗病力弱。适于华北、西北、东北雨少地区。用龙眼葡萄酿酒酒质优良,酒香浓郁,是酿造香槟酒、干白葡萄酒和半甜葡萄酒的优良品种。

(5)雷司令

雷司令,欧亚种,原产于德国,是世界著名品种。1892年从西欧引入我国,在山东烟台和胶东地区栽培较多。在北方地区4月中旬萌芽,6月中旬开花,生长期144~147 d,有效积温3 200~3 500 ℃,为中熟品种。果穗小,平均穗重177 g,圆柱形或圆锥形。果粒长,着生紧密,圆形,黄绿色,整齐,果皮薄,果香独特,果肉多汁,含糖量为17%~21%,含酸量为0.58%~0.72%,出汁率为68%~71%。该品种适应性强,较易栽培,但抗病性较差。雷司令酒浅金黄微带绿色,味醇厚,酒体丰满,柔和爽口,持久的浓郁果香,是世界优质葡萄酒中酿造优质干白葡萄酒的最好品种。适宜酿造白葡萄的品种还有琼瑶浆、长相思、白麝香、白品乐、米勒、白诗南、赛美蓉。

4)山葡萄

山葡萄是我国特产,产于黑龙江、吉林、辽宁等省。

(1)公酿一号

公酿一号具有山葡萄的特性,抗寒性、抗逆性强,是酿造山葡萄酒的良种之一。公酿一号别名28号葡萄,原产于中国,山欧杂种,是汉堡麓香与山葡萄杂交育成。其生长期为123～130 d,有效积温2 700～2 900 ℃。浆果含糖量为15%～16%,含酸量为1.5%～2.1%,出汁率为65%～70%,所酿之酒呈深宝石红色,酸甜可口,具山葡萄酒的典型性。

(2)双庆

双庆别名长白十一号,1963年从野生山葡萄植株中选育而成。其生长期为134 d,浆果含糖量为10.4%～16.3%,含酸量为1.8%～2.5%,出汁率为50%～60%。所酿之酒呈宝石红色,醇和爽口,具有浓郁山葡萄果香。

(3)左山一

左山一原产于中国,1973年从野生山葡萄植株中选育而成。它的生长期为125～130 d,浆果含糖量为10%～11.5%,含酸量为2.5%～3.3%,出汁率为50%。所酿之酒呈深宝石红色,果香浓郁,口味纯正,典型性强。

5)调色葡萄

(1)紫北塞

紫北塞原产法国,欧亚种。我国于1892年从西欧引入山东烟台。目前烟台有少量栽培。果穗中等大小,呈圆锥形,果粒着生中等,粒中等,圆形,紫黑色。百粒重250～270 g,每颗有种子1～2粒,皮厚、汁多、深红色,味酸甜。浆果含糖量为14%～17%,含酸量为0.5%～0.65%,出汁率为70%。所酿之酒呈深宝石红色,醇厚,后味淡薄。

紫北塞植株生长势中,芽眼萌发率中等,结实力中等,产量中等,适应性及抗病力较低。该品种是世界古老的著名调色品种,同时酒经陈酿后,色素易沉淀。目前很少有栽培,不宜推广,可作杂交育种的亲本。

(2)烟74

1966年烟台张裕酿酒公司以紫北塞与玫瑰香杂交培育出的我国第一个优良酿酒调色品种,属我国培育的葡萄调色品种。该品种树势生长旺盛,适应在各种土壤中栽培,较抗病。烟74树势强健,在烟台地区4月底萌芽,5月下旬开花,8月中旬成熟,从萌芽到成熟需生长128 d左右,属中熟品种。果穗呈圆锥形,中等大小,平均穗重250 g左右。果粒椭圆形,红黑色,着生紧密,中等大小,成熟一致,百粒重226 g。果汁深紫红色。可溶性因形物含量为16.5%,含酸量为0.71%,出汁率为68%。烟74是酿制干红葡萄酒和甜红葡萄酒调色的优良品种。经烟74调色后的葡萄酒呈深紫红色,香味纯正,超过了世界上最好的原调色品种紫北塞。

任务1.3 葡萄的栽培与管理

1)栽植时期

葡萄苗木从落叶以后一直到第二年春季萌芽以前,只要气温和土壤状况适宜都可进行栽植。我国南北气候差异很大,北方冬季寒冷,多采用春栽,栽植时间约4月中旬,而我国中部和南部地区则多采用秋栽。秋季栽植一般在10月进行,而春栽在土壤解冻后进行,但从栽后生长情况来看,在冬季气温稍暖的地区以秋栽最为适宜。秋季栽植成活率高,根系当年即可恢复生长,第二年一开春,幼苗即可转入迅速生长,有利于早成型、早结果、早丰产。秋栽宜早不宜迟,有条件的地方10月上旬即可栽植。

2)栽植行向

平地以南北走向为宜,因为南北行向比东西行向受光较为均匀,东西行的北面全天一直受不到直射光照射,而南面则全天受到太阳直射光的照射,两侧叶片生长不一致,果实质量也不均匀,山丘岭地修筑梯田,则按照等高线设置。

3)栽植密度

我国各地葡萄栽植架式多以篱架和棚架为主,由于架式不同,单位面积的株数也有很大差异。

目前生产上常用的株行距,篱架株距一般为1~2 m,行距2~3 m;小棚架株距1~2 m,行距4~6 m。在温暖多雨、肥水条件好的地区,为了改善光照条件,株行距可大一些;而气候冷凉、干旱、肥水较差的地区,株行距可小一些。生长势强的品种,行距可大一些;生长势弱的品种,株距可小一些。近年来,为了提高葡萄园早期产量,有些地方采用密植方式,株距1~1.5 m,行距2.0~2.5 m,收到了早丰产的良好效果。密植是提高葡萄早期产量的重要措施,但密植时一定要注意选用适当的架式和抗病品种,同时要加强树体及水肥管理,及时防治病虫害。根据多年观察,葡萄栽植时,适宜的行距为2.5 m,株距为1~1.5 m;棚架栽植时,行距4~5.5 m,株距1~1.5 m。尽量采用行距加大、株距加密的栽植方式。

4)栽植沟的准备

为了促进葡萄早结果、早丰产,要大力提倡沟栽。沟栽前首先要挖好栽植沟。一般篱架栽培时可按行距南北方向挖沟,栽埋水泥架杆的地方可空开约1 m的地方不挖,棚架栽培宜东西方向挖沟。栽植沟要提早挖,使沟内土壤充分风化、熟化。一般沟宽、沟深为80~100 cm,最少也应保持在70 cm左右。在土壤黏重的地区或在山坡石板土上建园,更应注意适当加大栽植沟的宽度和深度。栽植沟挖好后使土壤充分风化,并在底层填入切碎的玉米秸秆,然后再将腐熟的有机肥料和表土混匀填入沟内,或采用一层肥料一层土的方法填土。填土要高出原来的地面,以防栽植后灌水土面下沉。

在土壤较为疏松的地区可采用坑栽,定植坑的深度应在60 cm左右,同样填入玉米秸秆和有机肥。

5)栽植技术

(1)苗木修剪与消毒

一年生苗通常留2~4个饱满芽,以保持与地下部根系的平衡,从而提高苗木栽植后的成活率。根系的修剪尽量保持苗木根系的完整性。对损伤的骨干根应将伤口处剪平,促发新根。

远运或受旱的苗木应放在清水中浸泡一昼夜,使其充分吸收水分,提高成活率。用50 mg/L萘乙酸或25 mg/L吲哚丁酸浸泡一昼夜,便可提高成活率和生长量。

(2)栽植

栽植畦经冬季风化后,再于栽前每666.7 m^2 用100 kg饼肥和50 kg磷肥堆制发酵后撒施于栽植畦表面,再行浅耕,使肥、土充分混合。按已定株距,定好栽植标记,在标记处挖一小穴,深宽根据根系大小而定。把苗木根系按30°左右的倾斜度放入穴内,分布要均匀。同时与前后、左右的苗木或标定点对直对齐。标定好位置后,先培一半土覆盖在根群上,再将苗木轻轻往上提,使土壤充分进入根系之间,然后培土,踩紧踏实、浇水。

(3)地膜覆盖

地膜具有保水、保肥等优点。用60~80 cm宽的地膜全垄条形覆盖。

葡萄为多年生蔓生果树,需搭架才能保持一定的空间和果形,获得较高的产量。第一年就要架起来,不能顺地爬,葡萄架分为篱架和棚架两种。

①篱架。篱架架面与地面基本垂直,葡萄枝叶分布其上,好似篱笆或篱壁。篱架中应用最普通的是单臂篱架。篱架适于北方少雨地区,具有管理方便,通风透光好,架面叶面积系数高等优点。架高一般为1.7~1.9 m,行距2.0~2.5 m。篱壁架需要严格精细的夏季修剪,稍有疏忽,极易出现枝梢郁蔽现象。篱架(按架高1.8 m计算)边柱粗10 cm×12 cm或12 cm×12 cm,内用4个园钢筋为骨架,柱长260~270 cm。中柱粗8 cm×8 cm或10 cm×10 cm,柱长230~250 cm,柱间距4~6 m。篱架的力主要由边柱承受。因此,边柱必须斜埋,坠上锚石。篱架走向必须是南北向,保证两个面的枝叶都能得到直接光照。篱架通常拉4道铁丝。距地面50 cm拉第一道。向上均匀摆布三道铁丝,间距为40~50 cm。铁丝粗度为10~12号。

②棚架。棚架的面与地面平行或略有倾斜。葡萄枝蔓主要分布在离地面较高的棚面上,枝蔓可以利用较宽大的空间,北方重度埋土防寒或南方高温多湿地区多采用这种架式。棚架按架的长度分为大棚架和小棚架两种。7 m以上架长的为大棚架,7 m以下为小棚架。广泛应用的小棚架有以下两种类型:

水平棚架:因为棚架成为一个水平面所以称为水平棚架。水平棚架的架高为2~2.1 m,柱间距为4~5 m,边柱粗12 cm×12 cm或12 cm×14 cm,角柱15 cm×15 cm。边柱和角柱需用6个圆钢筋为骨架,长度270~300 cm。中柱8 cm×8 cm或10 cm×10 cm,可用8号铁丝为筋,柱长240~260 cm,水平棚架的主要力承受在角柱和边柱上。水平棚架适合在地块较大、平整、整齐的园田,地块一般不小于0.01 km^2。水平棚架的葡萄枝叶在棚面上均匀分布,因此,栽植的行向不受方向的限制。但是应注意葡萄蔓的走向。

斜式小棚架:适合零散小块地或坡度较大的山地葡萄园。葡萄蔓的爬向不宜向南,小棚架的架顶横杆多用较粗(10 cm左右)的竹竿、木杆或角钢、铁管,然后上面按50 cm的间距拉铁丝。山区可就地取材利用石柱、木杆或为柱材。但连叠式小棚架一定要保证架与架之间留有光道,防止郁蔽。

6)肥水管理

葡萄定植后首先要经常清除杂草,疏松土壤,以保墒情。葡萄需肥量大,无论是幼树,还是成年树施足有机肥是丰产优质的基础。一般一亩地施土杂肥或圈肥、绿肥等5 000~10 000 kg,采用沟施法(就是在葡萄行间挖条状沟施入),沟深50 cm,宽80 cm,施入肥料后覆土盖好。

其次,应注意合理追肥,每年追肥 3 ~ 4 次。第一次在萌芽前进行,以速效氮肥为主,每株追尿素0.05 ~ 0.1 kg;第二次追肥在谢花后 8 ~ 10 d,果粒有绿豆大小时进行,以速效氮肥和钾肥为主,每株可施尿素 0.05 ~ 0.1 kg,配以一定量的人粪尿;第三次追肥在果实着色前半个月内进行,以磷、钾肥为主,仍配以一定量的人粪尿;第四次追肥在采果后进行,可结合秋施基肥追施一些尿素。

另外,葡萄园还要注意灌溉,首先是出土后至萌芽前灌促萌芽水;其次是花前花后 7 ~ 10 d 灌保花保果水,对提高坐果率和幼果膨大作用十分显著;最后是越冬前灌防寒水,防根系冻害和来年春旱。灌水量达到渗到根系分布层,一般达 60 ~ 80 cm 深。雨季要注意排水。

7) 整形与修剪

整形的目的是为了使枝蔓、果穗合理地分布于架面,充分利用空间,提高叶片的光合性能。其整形可采用龙干整形较适宜,龙干整形又可分为独龙干、双龙干和三杈干。独龙干在架面上只留一个主蔓,整形分三年完成:定植当年新梢长到 80 cm 左右摘心,抽出副梢后,顶端第一个副梢继续沿架面伸长,待长到 60 ~ 70 cm 时二次摘心,其余副梢从地面 30 cm 起每隔15 ~ 20 cm 留一个培养成结果母枝。第二年以头年顶端副梢前面抽生的壮枝为延长头去爬架面,头一年副梢形成的结果母枝和主蔓上的冬芽抽生的结果枝结果。第三年继续布满架面,并适当安排结果枝,培养结果枝组,早成形、早结果,这种树形无侧蔓,结果枝组均匀地分布在主蔓两侧,整形容易,结果早。如主蔓为两个或三个,则成双龙干或三龙干,整形方法可参照独龙干。

篱架整形效果好的为扇形整形,这种方法是在架面上安排 4 ~ 6 条主蔓,呈扇形分布于架面上,具体做法是:定植当年选留 2 ~ 3 根主蔓重点培养,冬剪时将其中 1 ~ 2 根较壮的留 30 ~ 40 cm 短截,次年春萌发后一边结果,一边发展架面,较弱的枝蔓在定植当年冬剪时留 1 ~ 2 芽短截,次春萌发 1 ~ 2 根新梢后留 10 片叶左右摘心,在布满架面的同时,又能增加前期产量。

葡萄修剪可分为冬剪和夏剪。冬剪时主要应考虑两个问题:一是单位面积内的留枝量;二是如何确定结果母枝的剪留长度。一般 1 m^2 留 10 ~ 12 个壮梢,相当于结果母枝上每 10 ~ 15 cm 留一个新梢。至于结果母枝的剪留长度要根据品种习性,整形方法,枝蔓用途以及树势、树龄等具体问题来定。既要最大限度地安排结果,又要注意营养状况和通风透光条件,要注意更新结果,调节好生长与结果的均衡关系,如在冬剪时留枝量少,结果母枝的剪留长度可长一些,反之剪留可短一些;品种长势强或抗病性强,结果母枝的剪留可长一些,反之品种长势弱或抗病性弱,结果母枝剪留应短些。结果枝组更新采用单枝更新,将一年生枝留 2 ~ 3 芽短截,第二年抽枝结果后,冬剪时再选留下部的一年生枝短剪作为结果枝,其余枝条一律剪除,以后每年如此,保证结果枝组的结实力。同时积极做好摘心、引缚枝蔓等夏剪工作,新梢摘心是控制生长和调节营养分配的有效方法,一般在开花前 5 ~ 10 d 进行摘心,能使新梢暂时停止生长,树体营养多分配到花序上,促进花序发育良好,提高坐果率而减少落花落果,一般在花序前方留 5 ~ 6 片叶摘心为宜,对无花而又要留作营养枝的,留 7 ~ 8 片叶摘心,随着新梢的再次生长,顶部留 2 ~ 4 片叶摘心,对副梢每次留一叶反复摘心。

8) 花果管理

(1) 疏花穗

花前同主梢摘心同步进行,一般强旺枝留 2 穗,特强枝留 3 穗,弱枝留 1 穗,细弱枝不留穗,但可培养成结果母枝次年结果,大粒果品种一般强枝留1穗,特强枝留2穗。

(2)疏花序

始花前5~7 d将副穗除去,同时将花序尖掐掉1/3。

(3)疏果

大果粒品种如滕念,必须进行严格的疏果,一般每穗果留25~30粒,不超过35粒。疏果在果粒长到黄豆粒大小时进行,同时疏掉畸形果、病果。

(4)套袋

套袋是生产优质葡萄的重要手段,尤其是大粒葡萄,套袋更能促进果粒增大和果面光洁美观。套袋在疏果后进行,但要在套袋前细致地将果粒打一遍杀菌剂。

9)病虫害防治

全年以防病为重点,以预防为主,防治结合,综合防治,合理应用农业防治、生物防治,物理防治和化学防治相结合。根据气候变化和病虫害发生的规律和特点,随时注意观察和预测,做到提前预防,早喷药保护,防患于未然。

防治要求:秋季彻底清园,剪出病梢、病叶,集中深埋或烧毁;及时夏剪、引缚枝蔓、勤中耕除草、通风透光。

葡萄易发生的病害有霜霉病、白粉病、炭疽病、白腐病等,虫害较少,主要有二星叶蝉、葡萄红蜘蛛、透翅蛾等。防治措施如下:加强田间管理,增强植株自身抗性;及时清除落叶杂草,剪除枯死枝条,清除病果病穗,创造好的生态环境。发芽前喷一遍波美5度石硫合剂;展叶后喷一遍1∶2∶200倍波尔多液;花后到采果前每隔10~15 d再喷一遍1∶2∶200倍波尔多液;如蚜虫严重,可喷一次吡虫啉(蚜虫灵);霜霉病或白粉病较重,可喷1~2次90%甲基托布津可湿性粉剂800~1 000倍液,或40%乙磷铝可湿性粉剂200倍液或25%瑞毒霉500~600倍液;采果后再喷1~2次1∶2∶200倍波尔多液。

任务1.4 葡萄的品质及其成分

酿造优质的葡萄酒往往是三分靠工艺,七分靠原料。也就是说,原料葡萄对于葡萄酒的质量有着决定性的作用,而只有很好地了解葡萄的成分特点才能控制好葡萄的质量从而酿造出高品质的葡萄酒。

葡萄包括果梗与果实两个部分,果梗4%~6%,果实94%~96%。葡萄品种不同,两者比例有很大出入,收获季节多雨或干燥也会影响两者的比例。

1.4.1 果梗

果梗是果实的支持体,由木质构成,含有维束管,使营养流通,并将糖分输送到果实。果梗含大量水分,木质素,树脂,无机盐,单宁,只含少量糖和有机酸。葡萄果梗主要的化学成分见表1.1。

表 1.1 葡萄果梗的主要化学成分

成　分	含量/%
水分	75 ~ 80
木质素	6 ~ 7
单宁	1 ~ 3
树脂	1 ~ 2
无机盐(钙盐为主)	2 ~ 3
有机酸	0.3 ~ 1.2
糖分	0.3 ~ 0.5

因果梗富含单宁和苦味树脂及鞣酐等物，常常使酒产生过重的涩味，而且酒精度稍微降低。果梗的存在，使果汁水分增加 3% ~4%。制造白葡萄酒或浅红色葡萄酒时，带梗压榨，可使果汁易于流出和挤压，但不论酿造哪一种葡萄酒，都不带梗发酵。

1.4.2 葡萄果实

葡萄果实包括果皮、果核、果肉 3 个部分，它们的质量百分比如下：果皮 6% ~12%，果核(子) 2% ~5%，果肉(浆液) 83% ~92%。

1) 果皮

果实外面有一层果皮，果实发育成长时，果皮的质量几乎很少增加，果实长大后，果皮成为有弹性的薄膜。果皮由好几层细胞组成，表面有一层蜡质保护层，阻止空气中的微生物侵入细胞，尤其是附在果皮上的酵母菌。常常用农药处理的葡萄，果皮表面的酵母大都已死亡，因此破碎后发酵慢，适于用人工培养的酵母接种。果皮的化学成分见表 1.2。

表 1.2 果皮的化学成分

成　分	含量/%
水分	72 ~ 80
纤维素	18 ~ 20
有机酸	0.1 ~ 0.2
无机盐	0.5 ~ 1
单宁	0.5 ~ 2

果皮中含有单宁和色素，这两个成分对酿造红葡萄酒很重要。

(1) 单宁

果皮的单宁含量，因葡萄的品种而不同，一般为 0.5% ~2%，但在果肉内含量极稀或完全没有，不带果梗发酵的红葡萄酒，单宁主要来自果皮。葡萄单宁是一种复杂的有机化合物，能溶于水和乙醇，味苦而涩，和铁盐(三价)作用时生成蓝色反应(含过量铁的葡萄酒，产生蓝色沉淀)。能和动物胶或其他蛋白质溶液生成不溶性的复合沉淀(下胶澄清)。葡萄单宁能与醛类化合物生成不溶解的缩合产物，随着葡萄酒老熟而被氧化。

(2)色素

除了极少数果皮与果肉都含色素的有色葡萄品种,大多数葡萄,色素只存在于果皮中,因此可以以红葡萄制造白葡萄酒或浅红色的酒。葡萄色素的化学成分非常复杂,往往因品种而不同,从黄绿色的白葡萄到紫黑色的红葡萄,有种种色调。白葡萄有白、青、黄、白青、白黄、金黄、淡黄等颜色;红葡萄有淡红、鲜红、深红、红黄、褐色、浓褐、赤褐等颜色;黑葡萄有淡紫、紫、紫红、紫黑、黑等色泽。色素在酒精中比在水中易于溶解,醪液发酵生成越来越多的酒精,色素溶出也逐渐增加。温度能促进色素溶解,发酵期间保持在28~30 ℃,有利于色素溶解,对酵母繁殖并无影响,美国加利福尼亚葡萄酒厂常常用55~60 ℃高温处理破碎葡萄,将色素快速除去。果皮上含有芳香成分,它赋予葡萄酒特有的果实香味。

2)果核

果核含有多种有害葡萄酒风味的物质,如脂肪、树脂、挥发酸,这些东西如在发酵时带入醪液,会严重影响成品质量,因此,在破碎葡萄时,须尽量避免将核压破。除了单宁之外,其他物质都存在于表皮细胞中,不易溶解在葡萄酒中,发酵完毕,酒糟中的葡萄核可用来榨油。果核的化学成分见表1.3。

表1.3 果核的化学成分

成 分	含量/%
水分	35~40
脂肪	6~10
单宁	3~7
挥发酸	0.5~1
无机盐	1~2
纤维素及其衍生物	44~57

3)果肉

果肉和果汁为葡萄的主要部分(83%~92%)。不同品种,组成各不相同,食用品种,组织紧密而耐嚼,酒用品种柔软多汁,有一层极薄的细胞膜。成熟的葡萄,果肉和果汁的质量几乎一样。1 000 g葡萄汁中各成分含量见表1.4。

表1.4 1 000 g葡萄汁中各成分的含量

成 分	含量/g	成分	含量/g
水	700~780	结合态有机酸(酒石酸氢钾)	3~10
糖(葡萄糖、果糖)	100~250	矿物质	2~3
游离有机酸(酒石酸、苹果酸)	2~5	氮化物和果胶物质	0.5~1

葡萄浆是果肉与果汁的总称,是还原糖溶液,比重比水大,其浓度一般以1 L葡萄浆含还原糖的质量(克)表示,普遍为1 060~1 120 g,只要测定比重,就能估计糖的浓度。

葡萄浆各成分的性质如下：

(1)糖分

葡萄的糖分，全部由葡萄糖和果糖构成，成熟时两者的比重几乎相等，但从来不含蔗糖。葡萄糖与果糖都是单糖，这两种糖在酵母作用下，直接发酵生成乙醇和 CO_2 及各种副产物。葡萄从发育期开始，即在果实中累积糖分，经过 5 ~ 6 个星期，每升果浆中的含糖量从数克增加到 200 g 左右，成熟末期，糖分急剧增加，每天每升葡萄浆可增加 8 ~ 10 g 糖分，相当于 1/2 度酒精，由此可见，在葡萄成熟末期，测定糖分变化的重要性。根据葡萄品种，果实大小、土壤气候、栽培方法、病虫害等原因，含糖量有较大的差异，炎热地区，完全成熟的葡萄，糖分高的相当于酒精度 10° ~ 15° GL。（GL 为昌沙克度，代表酒精的生成量，未发酵的葡萄汁中的含糖量除以 10 即为 1 GL 度）

(2)酸度

葡萄的酸度主要来自两种有机酸，即酒石酸和苹果酸，有时会在成熟的葡萄或长霉的葡萄中发现柠檬酸，分量极少，一般在 0.01% ~ 0.03%。葡萄中的酸一部分游离存在，一部分以盐类存在，例如，中性或酸性酒石酸钾，或酸性苹果酸钾。游离酸和结合酸的比例的关系，随 pH 值而转变。葡萄从发育到成熟，酸度逐渐下降，主要存在两个因素：一是土壤中存在的无机盐，主要是钾，使酒石酸、苹果酸中和；二是细胞的氧化呼吸，主要是对于苹果酸，温度越高，越是成熟的果实，氧化就越深入。温暖地区的葡萄浆，酸度较小，一般总酸在 2.5 ~ 4 g 硫酸/L，相当于 pH 值为 3.3 ~ 3.8，要得到色泽鲜艳，口味爽适的葡萄酒，至少须总酸 4.0 ~ 4.5 g/L，往往有加酸的必要。霉烂的葡萄，酸度往往偏高，也有达到 6 ~ 8 g/L 的。

(3)含氮物

葡萄浆含氮 0.3 ~ 1 g/L(总氮)，一部分以氨态存在(10% ~ 20%)，容易被酵母所同化，其他部分以有机氨存在(氨基酸、胺类、蛋白质)，发酵时在单宁与酒精的影响下，生成沉淀。腐烂的葡萄，含氮物质比健康葡萄多，有利于杂菌繁殖，尤其是引起葡萄酒混浊的乳酸细菌。

(4)果胶质

果胶是一种多糖类复杂化合物，以不稳定胶体状态存在于果汁中，含量因葡萄品种而不同，而且与成熟度有连带关系，过度成熟及局部晒干的葡萄，一般含较多的果胶质。少量果胶质的存在，能增加葡萄酒的柔和味。

(5)无机盐

无机盐成分从发育到成熟期继续增加(2 ~ 4 g/L)，主要是从土壤吸收来的。钾是葡萄最重要的无机成分，含量多少不同，一般为 0.7 ~ 2g/L 葡萄浆，根据土壤、气候、栽培方法、肥料种类而异。葡萄酒的含钾量比原来的葡萄浆少得多，因为一部分酒石酸钾盐，已在发酵及冬季生成沉淀除去。钾是葡萄成熟时与酒石酸、苹果酸化合的主要盐类。其他比较重要的无机成分，钙、镁、钠、铁在葡萄浆中，这些元素都是和有机酸(酒石酸与苹果酸)及无机盐(盐酸、硫酸、磷酸)结合，以中性或酸性盐存在，盐酸与硫酸在葡萄浆中以中性盐(如 KCl，K_2SO_4)存在，而磷酸则以酸性盐出现(如 KH_2PO_4)。

总之，葡萄各个部分梗、皮、肉对酿酒都有一定的好处，但主要还是占葡萄质量 90% 左右的果肉与果汁，它含有两个主要成分即糖和酸。单独用不带皮的葡萄浆，可制成高质量的白葡萄酒和浅红色葡萄酒。果皮含有单宁和色素，对于酿造红葡萄酒极为重要，果梗一般在葡萄破碎时除去，以免带来有碍葡萄酒风味的物质。

实训项目1 酿酒葡萄品质的分析

1)实训目标

①能进行不同品种葡萄单宁、色度、含酸量、香气成分等检测。

②强化紫外分光光度计的使用技能。

③强化色谱分析检测仪的使用技能。

2)实训原理

葡萄品质测定主要考虑单宁、色度、含酸量、香气成分等。根据酸碱中和原理,采用碱滴定法测定总酸;利用色谱分析检测仪检测葡萄香气成分含量;利用色素的吸光性,测定540 nm下的吸光度,计算果皮色价。

3)主要仪器与材料

①材料:测酸试剂、95%酒精、盐酸等。

②仪器:pH计、保温桶、托盘天平、量筒、水浴锅、电炉、751(2)型或T-6型分光光度计、GC-MS联用仪。

4)实训过程与方法

①采样。选择成熟适中的不同葡萄品种,每种300~400粒,装入塑料袋然后置于冰壶中,迅速带回实验室分析。

②pH与总酸。取汁20 mL用pH计测定pH;用碱滴定法测定总酸。

③还原糖与总酸。用菲林试剂法测定还原糖。

④果皮色价测定。选取被测葡萄不同色泽的果粒20粒,洗净擦干,取下果皮并用吸水纸擦净皮上所带果肉及果汁,然后剪碎,称取0.2 g果皮用盐酸酒精液(1 moL/L盐酸:95%酒精=15:85)50 mL浸泡,浸渍约20 h,然后测定540 nm下吸光度,计算果皮色价:

$$色价=\frac{A\times 10}{m}$$

式中 A——吸光度;

m——果皮质量,g。

⑤香气成分分析。取1 kg葡萄破碎,连接水蒸气蒸馏装置,收集500 mL馏出液,用二氯甲烷(1:1)等体积萃取,分两次萃取馏出液,留下层,得到萃取液。萃取液用KD浓缩器浓缩至1 mL,用于GC-MS分析。

5)实训成果与总结

①分析不同品种的葡萄成分含量及差异。

②初步了解不同葡萄的生长特点及其与生长环境的关系。

6)知识拓展

葡萄的品质与葡萄酒品质之间的关系如何?

项目 2

葡萄汁的制备

【学习目标】

1. 了解酿酒前的准备工作。
2. 熟悉水果破碎、压榨的生产过程，掌握各种生产设备的操作要点。
3. 熟悉各种果汁改良的基本操作。

任务2.1 酿酒前的准备

2.1.1 厂房整理

酿造葡萄酒的厂房,必须符合食品生产的卫生要求。要根据生产能力的大小设计厂房和选购设备。发酵车间要光线明亮,空气流通。贮酒车间要求密封较好。葡萄酒厂的地面要有足够的坡度,用自来水刷地面后,污水能自动流出去。车间地面不留水沟,或留明水沟,水沟底面的坡面能使刷地的水全部流出车间。车间的地面最好是贴马赛克或釉面瓷砖,车间的墙壁用白色瓷砖贴到顶。厂房要符合工艺流程需要。从葡萄破碎、分离压榨、发酵贮藏到成品酒灌装等,各道工序要紧凑地联系在一起,防止远距离输送造成污染和失误。

2.1.2 工具、设备的准备与检修

工具、设备的准备与检修应注意以下9个方面:

①清理车间用房,一切非酿酒用的器具全部清出。

②检查容器是否漏水,尤其是长期未装酒的容器,须装水检查。

③新容器及新除去酒石沉淀的容器,内部重新涂料,装过坏渣的容器,须进行杀菌。

④检查发酵池(罐)的阀门、橡皮衬里等是否完好,有无漏水现象。

⑤检查所有管道、橡皮管等。

⑥检查所有酿酒机器设备、电动机、破碎机、除梗机、压榨机、输送泵、冷却设备等。在酿酒开始之前,须充分检查,保证在酿酒过程中能安全生产,不致发生故障。

⑦检查所有木制容器,是否有长霉、脱箍或漏水现象,并应涂清漆一遍。

⑧在酿酒车间布置酒母室,SO_2准备室,准备一定数量的酒母。

⑨事先准备好发酵需要的各种添加剂:SO_2、酒石酸、单宁、下胶材料等。

2.1.3 葡萄的采收

无论是什么类型的葡萄酒,都是以葡萄浆果为原料生产的。葡萄浆果的成熟度决定着葡萄酒的质量和种类,是影响葡萄酒生产的主要因素之一。通常只有用成熟度良好的葡萄果实才能生产出品质优良的葡萄酒;好的年份主要是指夏天的气候条件有利于果实充分成熟的年份。但在气候炎热的地区,葡萄果实成熟很快,为了获得平衡、清爽的葡萄酒,应尽量避免葡萄过熟。

1) 葡萄浆果的成熟

(1) 葡萄浆果成熟的不同阶段

①幼果期。幼果期从坐果开始,到转色期结束。幼果保持绿色并迅速膨大,质地坚硬。糖开始形成,但其含量不超过10~20 g/L。而含酸量迅速增加,并在接近转色期时达到最大值。

②转色期。转色期就是葡萄浆果着色的时期。转色期浆果大小几乎不变。果皮叶绿素大量分解,白色品种果色变浅,丧失绿色,呈微透明状;有色品种果皮开始积累色素,由绿色逐渐转为红色、深蓝色等。浆果含糖量直线上升,达到100 g/L左右,含酸量则开始下降。

③成熟期。从转色期结束到浆果成熟,一般在35~50 d。在此期间,浆果再次膨大,逐渐达到品种固有大小和色彩,果汁含酸量迅速降低,含糖量增加速度可达每天4~5 g/L。浆果的成熟度可分为两种,即生理成熟和技术成熟。所谓生理成熟,即浆果含糖量达到最大值,果粒也达到最大直径时的成熟度。而技术成熟度是根据生产的葡萄酒种类,浆果必须采收时的工艺成熟度。

④过熟期。浆果成熟后,果实与植株其他部分的物质交换基本停止。果实的含糖量由于水分蒸发而提高,浆果进入过熟期。过熟可提高葡萄及果汁含糖量,这对于酿造高酒度、高糖度的葡萄酒是必须的。

(2)葡萄浆果中主要成分的变化

①糖的积累。在幼果中,糖的含量很低,只有10~20 g/L。转色期中,植株主干、主枝等部分的积累物质向果实输送,使浆果糖含量迅速增加。在成熟期,叶和果梗等绿色器官或组织中的积累物质开始分解并向其他部位转移,成为浆果中糖增加的主要来源。

此外,果实本身也可将苹果酸转化为糖(葡萄糖)。在成熟过程中,果糖含量增加,在成熟时,这两种糖的比值趋近于1,果糖含量高是葡萄甜于一般水果的主要原因。

②含酸量低。在接近转色期时,浆果中酸的含量最高,约为16 g/L(H_2SO_4),以后迅速降低,在成熟时趋于稳定。酸度的降低主要是由于果实的呼吸作用。葡萄果实的呼吸作用主要以有机酸为基质,呼吸强度受温度的影响,如温度高于30 ℃,则呼吸强度迅速增加。

在葡萄成熟过程中,不同的有机酸,其变化的程度也不相同。苹果酸在浆果成熟过程中变化很大,它最易被呼吸作用所消耗并可被转化为糖。虽然在幼果中其含量很高,但在成熟时,其含量较低,只占总酸量的10%~30%。影响苹果酸含量的因素主要是气候条件和品种。因为苹果酸在30 ℃的条件下就可被呼吸消耗,因此在北方气候条件下,浆果中苹果酸的含量比在南方高。酒石酸只有在温度达到35 ℃时,才开始被呼吸消耗。因此,在成熟过程中,其含量较苹果酸相对稳定。葡萄浆果中柠檬酸的含量始终很低。

③成熟系数。成熟系数就是糖、酸比。若用M表示成熟系数,S表示含糖量,A表示含酸量,则

$$M=\frac{S}{A}$$

该系数建立在葡萄成熟过程中含糖量增加、含酸量降低这一现象的基础上,它与葡萄酒的质量密切相关,是目前最常用且最简单的确定成熟度的方法。虽然不同品种的M值不同,但一般认为,要获得优质葡萄酒,M必须等于或大于20。但各地应根据品种和气候条件确定当地的最佳M值。在成熟过程中,浆果含酸量、含糖量和M值的变化均有规律。

此外,还有其他成熟系数,如布氏系数、葡萄糖与果糖的比值、酒石酸的含量与有机酸总量的比值等。

2)采收日期的确定

决定葡萄采收的适当日期,对成品酒的质量有着极其重要的影响。过早收获尚未成熟的

葡萄,其含糖量低,酿成的酒酒精含量低,不易保存,酒味清淡,酒体薄弱,酸度过高,有一股生青味,导致葡萄酒的质量低。在生产实践中,通过观察葡萄的外观成熟度,并对葡萄汁的糖度和酸度进行分析。就可以确定出适宜的采摘日期。

(1)葡萄成熟度的检验

①外观检查。成熟葡萄果粒发软,有弹性,果粉明显,果皮变薄,皮肉易分开,籽与肉也很容易分开,梗变棕色,有色品种完全着色,表现出品种特有的香味。

②理化检查。主要检查葡萄的含糖量和含酸量。可用糖度表、比重表、折光仪来测定糖分。测糖时必须采集足够的葡萄样品,挤出葡萄汁,经纱布过滤后测定。

葡萄的酸度测定,对于深色葡萄可用酚红或嗅百里蓝作指示剂。酸度常以每升中酒石酸的克数表示,法国用每升中硫酸的克数表示。

葡萄的含糖量和含酸量常因栽种地区气候条件及品种不同而变化,同一品种也因地区和气候水土不同而有差别。一般不能按固定的含糖量来鉴别葡萄是否成熟。可采用在葡萄成熟期前半个月定期取样分析,作出曲线,根据不同酒种而决定采摘期。

(2)葡萄采摘日期和天气的选择

酿造葡萄酒对葡萄的含糖量有一定的要求,在实际生产中,必须根据酿造产品的要求。采摘达到某一糖度的葡萄,一般把此时葡萄的成熟度称为工艺成熟度。不同品种的葡萄酒要求的工艺成熟度差别较大。酿制佐餐葡萄酒的葡萄采摘期早于餐后葡萄酒生产所用葡萄采摘期,此时,葡萄不易产生氧化酶,酒不易氧化,而且当葡萄含酸量稍高时,具有新鲜感。酿制干白葡萄酒的葡萄采摘期早于干红葡萄酒的葡萄采摘期。采摘过早时,葡萄酸度高,生产的葡萄酒不易发生氧化,对保证干白葡萄酒特有的气味和色泽非常重要。总的来讲,制造干白葡萄酒采摘时间安排在成熟的早期;生产甜葡萄酒或酒精含量高且味甜的葡萄酒,则要求在葡萄完全成熟时才进行采摘,甚至在过熟期采摘;对于制造特殊类型的甜葡萄酒,如"多加意""所丹"等,则不仅要过熟并且要将葡萄的梗部扭折,挂在树上,使葡萄的大部分水分排出后才进行采摘。

一般来讲,干白葡萄酒需要葡萄的糖浓度为160~180 g/L,干红葡萄酒需葡萄含糖浓度为180~200 g/L,含酸量为6.5~8.5 g/L。甜酒需葡萄含糖浓度为200~220 g/L。葡萄在成熟过程中,糖和酸的变化非常明显,糖度、酸度、酒石酸、苹果酸、钾的含量是确定葡萄采摘期的重要指标。在采摘前20 d左右,每周对各种成分进行两次测定,并制成曲线图。采摘前20 d内糖的增长量每天基本差不多,据此,就可预测出在正常的气候条件下葡萄的采摘期。若气候发生变化,则可根据气候对葡萄成熟度的影响增加或减少2~5 d。

采收后的葡萄有时夹带葡萄叶,未熟或腐烂的葡萄也可能掺杂其间,特别是在条件比较不好的年份,注重品质的酒厂都会进行严格的筛选。不过,以机器采收的葡萄则完全无法作出筛选,必须在采收前用人工方法先剪掉品质不佳的葡萄,过去筛选的工作直接在葡萄园或在运葡萄的车上进行,但现在葡萄大多以桶分装,运回葡萄酒厂后,将葡萄倒在输送带上进行人工筛选。用水清洗会增加不必要的水分,而且葡萄皮上的酵母菌也会流失,通常葡萄都不经过清洗就直接酿造。

任务2.2　葡萄的破碎与去梗

不论是酿制红葡萄酒还是白葡萄酒,都需先将葡萄去梗。新式葡萄破碎机都附有除梗装置,有葡萄先破碎后除梗或先除梗后破碎两种形式。

2.2.1　葡萄破碎

葡萄破碎是使果皮破裂,葡萄浆汁逸出。破碎的目的是使果粒表面上的天然酵母与葡萄果汁接触,有利于酵母的繁殖;在传统浸提法酿酒的情况下,使皮渣中的可溶物在葡萄汁中很好地扩散。葡萄首先进入破皮去梗机,先挤压破皮,让葡萄汁流出。由于葡萄皮含有单宁、红色素及香味物质等重要成分,因此在发酵之前,特别是红葡萄酒,必须破皮挤出葡萄果肉,让葡萄汁和葡萄皮接触,以便让这些物质溶解到酒中,破皮的程度必须适中,防止破碎果籽及果梗,以避免释出葡萄梗或葡萄籽中的油脂和单宁。在酿造白葡萄酒时,防止葡萄汁与葡萄的固体部分接触时间过长,影响葡萄酒的品质。

根据葡萄破碎机的能力,均匀地把新鲜的葡萄输入破碎机里,注意捡出异杂物。无论是做红葡萄酒还是做白葡萄酒,在葡萄破碎的同时,要均匀地加入 SO_2。根据葡萄质量的好坏,SO_2 的加入量可酌情增减。葡萄破碎时加入的 SO_2,可通过亚硫酸的形式,均匀地加入,也可使用偏重亚硫酸钾,用软化水化开,根据计算的量均匀地加入。SO_2 能有效地抑制有害微生物的活动,防止葡萄破碎以后在输送、分离、压榨过程及起发酵以前的氧化。

并非所有的葡萄都会经过破皮阶段,例如,许多白葡萄酒就常采用直接榨汁,不另外破皮,有些红酒也会采用整串葡萄酿造,同样不需要破皮就直接放进酒糟。没有破皮的葡萄会延缓酒精发酵的启动,延长发酵时间。

2.2.2　葡萄去梗

去梗是将葡萄果粒与果梗分开,去除果梗。目的是减少酒的损失;减少单宁含量及收敛性;减少果梗味。存于葡萄梗中的单宁涩味重,特别是还未完全成熟时常带有刺鼻的草味,会影响葡萄酒的细致表现,现在除了整串葡萄的酿造法外,大多会全部去除。不过仍然有酒庄在酿造红酒时保留一部分的梗,让涩味不足的葡萄多一点单宁。酿造白葡萄酒时也可能保留葡萄梗,以利榨汁时让葡萄汁较易流出。

新式葡萄破碎机多附有除梗装置,为一卧式具有多孔假底的圆,长 1 ~ 1.5 m,中间有迴转轴,轴上有浆板,转动时将果实从果梗上打下,通过假底而落入接收器,通过葡萄浆输送泵,送往发酵槽或压榨机,将葡萄汁与皮糟分开。

任务2.3 果汁分离与果肉压榨

2.3.1 果汁分离

酿造白葡萄酒,葡萄破碎以后,要进行果汁分离、皮渣压榨和果汁的澄清处理。葡萄在破碎过程中自流出来的葡萄汁称为自流汁,自流汁是最优质的葡萄汁,糖度高、果味丰厚,可酿造出一流的葡萄酒,但这种方法成本高且难以控制。

压榨之后流出来的葡萄汁称为压榨汁,压榨葡萄或葡萄皮渣,以分离出液体部分。目的是将葡萄浆汁分离出来,以便在没有葡萄固体物质的情况下酿酒(即酿造白葡萄酒)。鲜葡萄应在采摘之后的最短时间内压榨,如果是破碎的葡萄,应在破碎后的最短时间内进行压榨。压榨时要尽量避免压碎葡萄籽和葡萄梗,葡萄籽虽然有细腻的单宁,同时含有很多油性苦味物质,葡萄梗的单宁粗糙,进入葡萄汁以后影响口感。

连续的果汁分离机,可分离出40%~50%的葡萄汁。分离后的皮渣进入连续压榨机,可榨出30%~40%的葡萄汁。两次出汁率合计在80%左右。压榨后的皮渣可以抛弃。压榨汁应分段处理。一段二段压榨汁,可并入自流汁中做白葡萄酒。三段压榨汁占15%~10%,因单宁色素含量高,不宜做白葡萄酒,可单独发酵做葡萄酒或蒸馏白兰地。传统采用垂直式压榨机、卧式压榨机。因为压力大,在酿造冰酒或甜酒时最常使用。现在多采用水平气囊式压榨机。

葡萄汁澄清是发酵前将悬浮的固体物质从葡萄汁中分离出去。目的是为了去除尘土微粒;去除有机微粒以减少酚类氧化酶的活性;减少有害微生物;减少果胶含量,降低浑浊度。葡萄汁澄清处理方法如下:

①可采用高速离心机,对葡萄汁进行离心处理,分离出葡萄汁中的果肉、果渣等悬浮物,将离心得到的清汁进行发酵。

②也可把分离压榨的葡萄汁,置于低温澄清罐,加入皂土,搅拌均匀,冷冻降温。使品温降到10 ℃以下,通常在5 ℃左右,静置3 d。分离上面的清液,用硅藻土过滤机过滤。

③还可采用果胶酶法,果胶酶可以软化果肉组织中的果胶质,使之分解生成半乳糖醛酸和果胶酸,使葡萄汁的黏度下降,原来存在于葡萄汁中的固形物失去依托而沉降下来,以增强澄清效果,同时也有加快过滤速度,提高出汁率的作用。

2.3.2 果肉压榨

1)榨汁的作用

压榨的目的是将葡萄浆中的葡萄汁或初发酵酒充分制取出来。在白葡萄酒酿制过程中是制取葡萄汁;在红葡萄酒酿制过程中,从发酵的葡萄浆中制取初发酵酒。

压榨的工艺要求:

①压榨中要有适当的压力,尽可能压出浆果中的果汁而不压出果梗或其他组成部分中的汁。

②压榨率高,能使葡萄浆中的葡萄汁充分压榨出来。

③操作简单、省力,压榨均匀。

2)榨汁的方式

目前,在葡萄酒酿造业中应用的压榨机形式多样,其效率和单位压力也各不相同。葡萄压榨机按工作状态可分为间歇式和连续式两种。榨汁工艺可分为间歇榨汁和连续榨汁两类,而间歇榨汁工艺也有多种类型。

压榨汁中有一些有利成分,包括对品种特征和香味有贡献的成分和某些成熟组分的前体物质;但也有一些不利成分,例如,pH 值较高,含有许多的单宁和胶体物质。压榨汁中这些组分的含量取决于水果的自身条件、压榨加压方式、所用筛网的性质及皮渣相对于筛网的运动情况。在这一方面,间歇压榨与连续压榨相比,一般对果皮的剪切作用较小,从而可减少酚类和单宁的释放量。

3)压榨设备

(1)间歇榨汁机

间歇榨汁机操作以周期循环方式进行。一个操作循环包括进料、加压、回转、保压、卸筐和卸渣。进料时间由输送泵(或输送机)的速度和压标机的容量确定。榨汁机一般要在 1 ~ 2 h的时间内逐渐将压力升高至最大压力 0.4 ~ 0.6 MPa。大多数间歇榨汁机(框式除外)在加压的同时可以回转,因此,可形成较为规则的滤饼。现今多数榨汁机装备有程序控制装置,可对操作循环中的加压、维持时间等条件进行编程控制。

(2)筐式榨汁机

筐式榨汁机是最简单的木筐榨汁机,有一只垂直的滑板限定滤饼表面,一只活动压榨头提供水平方向的压力,因此也被称为活动头榨汁机。筐式榨汁机有生产能力小、压力不均衡,在高压时会喷射出果汁,劳动强度大等缺点,一般只用于小型酒厂。

(3)移动头榨汁机

改进筐式榨汁机的机械,在侧面安装筛网,并用电机驱动的螺杆使压榨头运动,这种榨汁机一般称为"移动头榨汁机",有单头式,也有双头式。大多数移动头榨汁机还装有用链条连接的内部圆环,有利于在压榨头退回时打碎滤饼。

(4)气囊榨汁机

筐式移动头榨汁机的主要缺陷是,滤饼中的果汁通道在加压时会很快被堵塞,这导致了滤饼外部较干而内部较湿。虽然圆环和链条的排列可以稍微克服这种缺陷,但往往收效甚微。对于这种设备的改进设计是在筛笼中心装备一只较长的橡胶圆筒(或气囊),从而使得滤饼成为圆筒形,而不是圆柱形。这些榨汁机的筛笼也能在压力增加的过程中回转,从而使皮渣形成均匀的滤饼。气囊内的压力是由外压缩空气提供的。

(5)膜式榨汁机

用空气加压的另一种类型的榨汁机是罐式(或膜式)榨汁机。加压膜一般沿径向装在圆筒形管的一端。当膜的一侧抽真空时,膜收缩到罐的一端,皮渣通过侧壁上的门或罐的一端抽入。出汁筛网沿长度方向安装,加压膜由压缩空气提供压力,向物料加压。压榨汁成分较好,使其得以广泛应用。这类设备在加压操作过程中,果皮与筛网表面相对运动最少,从而使果皮和种子受到的剪切和磨碎作用小。结果皮渣中释放出的单宁和细微固体物大大减少,压榨汁中的固体和聚合酚类含量较低。

(6)螺旋榨汁机

对筛笼内原料施加压力的另一种方法是采用大型的螺杆,迫使皮渣在端板的背压下向另一端移动。端板一般是由液压控制而部分封闭的,大多数螺旋榨汁机的处理能力为50~100 t/h。这种设备的处理能力是由螺杆直径和旋转速度确定的。

螺旋榨汁机有两个缺点:一是皮渣沿圆筒形筛笼运动,使果皮受到强烈的剪切和摩擦作用,导致榨出的果汁中无机物质、单宁和胶体的含量较高;二是榨出的果汁中悬浮固体的含量也很高。对于白葡萄汁来说,必须采用附加设备加以解决。

(7)间歇式螺旋榨汁机

螺旋榨汁机的一种改进型是间歇式螺旋榨汁机。这种榨汁机的螺杆可以在液压驱动下水平移动,移动距离可达1 m。在操作循环中形成了一种间歇操作,使果皮受到的剪切作用大为减弱,榨出的果汁质量也较好。目前这种类型的榨汁机使用得较少。

(8)带式榨汁机

这种榨汁机采用了一系列气压垫向皮渣施加压力,皮渣支撑在金属网带上。金属网带在运行过程中进料,使皮渣分布在压榨机的水平段上。这时用气垫加压,维持一段时间后释放压力,网带再向前运行,卸除皮渣后再进入下一步循环。现代的带式榨汁机具有一条连续运行的多孔网带,网带运行在几组支撑辊上,并由支撑辊向皮渣提供压力。榨出的果汁通过筛网下落,由底部的承接盘收集,这类设备在起泡葡萄酒生产中广泛用于整穗葡萄的处理,具有很高的生产能力。

以前多采用筐身液压机对红葡萄酒皮糟进行压榨,现在许多葡萄酒厂已改用压榨速度快、压榨时间短的连续螺旋压榨机和卧式压榨机。

①筐身液压机。筐身液压机在红葡萄酒的生产过程中曾经是大部分葡萄酒厂所采用的压榨设备。筐身液压机具有构造简单、压榨力高、压榨出酒率高等优点。但筐身液压机压榨速度慢,操作较繁杂,而且不易保持清洁,因此,不少工厂已改用卧式压榨机或其他压榨设备。

②连续螺旋式压榨机。连续螺旋式压榨机具有压榨速度快、压榨效率高、压榨出酒率高等特点。但在皮糟压榨过程中,由于螺旋挤压作用,会使一部分葡萄皮糟破碎,压榨出的葡萄酒液比较浑浊,酒中的成分也因溶入较多皮糟中的物质而发生变化,使葡萄酒有涩味。采用连续螺旋式压榨机,可将葡萄皮糟直接由发酵池送往压榨机,或者用输送泵送往连续压榨机,压榨出来的糟粕含水极低,可用运输带直接送入酒糟池。

③卧式压榨机。卧式压榨机为了弥补立式压榨机速度慢、劳动强度大的缺点,将榨筐由立式改为横卧式,加长榨筐长度。卧式压榨机压榨速度快,劳动强度低,出糟便利,自动化程度高,生产能力大,适用于大型干红葡萄酒厂使用。卧式压榨机经过不断改进,分成了机械加压、液压和气压3种方式,在国外葡萄酒生产过程中已被广泛使用。

4)压榨汁成分

压榨出的果汁成分在几个方面与自流汁明显不同。其有利的方面包括含有希望的香味成分,不利的方面包括含有较高水平的固体、较多的酚类和单宁、较低的酸度和较高的pH值,以及含有较高浓度的多糖和胶体成分。压榨汁中还含有较高水平的氧化酶,这是因为其固体含量较高,由于酚类底物的浓度较高,因此也较容易褐变。

压榨汁与自流汁成分差别的程度首先取决于榨汁机的类型和操作方式，其次是葡萄的品质。白葡萄汁的粗涩感和易褐变性，主要是由总酚和聚合酚类含量决定的，而固形物含量则决定了是否需要进行进一步澄清处理。

5)皮渣处理

含有果汁的湿皮渣需要输送到榨汁机中，压榨后的皮渣需要排出，并运输出厂。输送皮渣最常用的方法是采用带式或螺旋输送机。这些输送机一般在固定地点安装，但在小型工厂中输送机可以是移动式的。在大型葡萄酒厂中，更常规的做法是数台螺旋输送机组成一个输送系统，向多台榨汁机供料，输出的皮渣也由输送系统集中排出。

任务 2.4　葡萄汁的改良

优质的葡萄汁取决于优良的葡萄品种，成熟的栽培技术和适时的采收时机。酿制白葡萄酒的葡萄宜稍早采收，以充分成熟、果实含糖量接近最高时为宜。红葡萄酒的原料宜稍晚采收，糖分积累到最高时为最好。这样可以得到优质的葡萄汁。如果气候失调，葡萄未能充分成熟，果汁中含酸高而糖分低，对这样的葡萄汁，应在发酵之前调整糖分与酸度，称为葡萄汁的改良。

葡萄汁改良的目的如下：

①使酿成的酒成分接近，便于管理。

②防止发酵不正常。

③酿成的葡萄酒质量较好。

葡萄汁的改良常指糖度、酸度的调整。但应强调指出，葡萄成分的调整有一定的局限性，它只能在一定程度上调整葡萄中某些成分的缺少或过多。对于未成熟或过熟的葡萄，此方法则显得无能为力。因此，人们不要依赖于葡萄成分的调整而过早或粗心大意地采摘葡萄。

2.4.1　糖度的调整

1)加糖

一般情况下，每 1.7 g/100 mL 糖可生成 1°酒精，按此计算，一般干酒的酒精在 11°左右，甜酒在 15°左右。酿制一般葡萄酒的葡萄含糖量不低于 150 g/L(可滴定糖)、酿制优质葡萄酒的葡萄含糖量不低于 170 g/L。若葡萄汁中含糖量低于应生成的酒精含量时，必须提高糖度，发酵后才达到所需的酒精含量。

用于提高潜在酒精含量的糖必须是蔗糖，常用 98.0% ~99.5% 的结晶白砂糖。

(1)加糖量的计算

例如：利用潜在酒精含量为 9.5°的 5 000 L 葡萄汁发酵成酒精含量为 12°的干白葡萄酒，则需要增加酒精含量为

$$12° - 9.5° = 2.5°$$

需添加糖量为

$$2.5 \times 17.0 \times 5\,000 = 212.5(\text{kg})$$

(2)加糖操作的要点

①加糖前应量出较准确的葡萄汁体积,一般每200 L加一次糖(视容器而定);

②加糖时先将糖用葡萄汁溶解制成糖浆;

③用冷汁溶解,不要加热,更不要先用水将糖溶成糖浆;

④加糖后要充分搅拌,使其完全溶解;

⑤溶解后的体积要有记录,作为发酵开始的体积;

⑥加糖的时间最好在酒精发酵刚开始的时候。

欧美各个生产葡萄酒的国家,对于果汁改良,法律上有严格的规定,对于佐餐酒,大多数国家不准加糖,瑞士法律规定可以添加固体砂糖,但不许加水;美国不准加糖,但允许添加浓缩葡萄汁调节糖分。

2)添加浓缩葡萄汁

浓缩葡萄汁可采用真空浓缩法制得。果汁保持原有的风味,有利于提高葡萄酒的质量。

加浓缩葡萄汁的计算:首先对浓缩汁的含糖量进行分析,然后用交叉法求出浓缩汁的添加量。

例如:已知浓缩汁的潜在酒精含量为50%,5 000 L发酵葡萄汁的潜在酒精含量为10%,葡萄酒要求达到酒精含量为11.5%,则可用交叉法求出需加入的浓缩汁量。

浓缩汁 50% ↖ ↗ 1.5

要求酒精含量 11.5%

发酵用葡萄汁 10% ↙ ↘ 38.5

即在38.5 L的发酵液中加1.5 L浓缩汁,才能使葡萄酒达到11.5%的酒精含量。

根据上述比例求得浓缩汁添加量为

$$1.5\times\frac{5\ 000}{38.5}=194.8(\mathrm{L})$$

采用浓缩葡萄汁来提高糖分的方法,一般不在主发酵前期加入,因葡萄汁含量高易造成发酵困难。都采用在主发酵后期添加。

浓缩汁可采用下列方法制取:采用许可的方法进行部分脱水。这一操作过程不应造成焦化现象。冷冻并通过结冰脱水或其他方法除去冰渣。添加时要注意浓缩汁的酸度,因葡萄汁浓缩后酸度也同时提高。如加入量不影响葡萄汁酸度时,可不作任何处理;若酸度太高,在浓缩汁中加入适量碳酸钙中和,降酸后使用。否则,添加浓缩葡萄汁后容易发生酸化作用。表2.1列出了添加蔗糖和添加浓缩葡萄汁对葡萄酒成分的影响。

表2.1 添加蔗糖和添加浓缩葡萄汁对葡萄酒成分的影响

葡萄酒成分	对照	蔗糖	浓缩葡萄汁
酒度/%	10.3	12.3	12.4
总酸/($g\cdot L^{-1}$)	6.14	5.82	6.68
干物质/($g\cdot L^{-1}$)	20.4	18.6	21.6

2.4.2 酸度调整

如果葡萄醪液的酸度不足,各种有害细菌就会发育,对酵母发生危害,尤其是在发酵完毕时,制成的酒口味淡泊,颜色不清,保存性差,尤其当酸度低,酒精度中等或偏低时,成品葡萄酒可能不符合葡萄酒法规(法定标准)。一般认为,酸度应在4~4.5 g/L(以H_2SO_4表示),相当于pH值为3.5~3.3才合适。此量既为酵母最适应,又能给成品酒浓厚的风味,增进色泽。若酸度低于0.5 g/100 mL,则添加酒石酸或柠檬酸或酸度高的果汁调整。酸过高,要进行降酸处理,除了用糖浆降低或用酸低的果汁调整外,还可用中性酒石酸钾中和等。

1)增酸

添加酒石酸和柠檬酸。

(1)酒石酸

在葡萄醪中添加纯粹的结晶酒石酸,但禁止在成品葡萄酒中添加酒石酸,目的是为了避免做假葡萄酒,或在酒中加水稀释后用加酸来掩饰。在葡萄醪发酵时,同时添加酒石酸与葡萄浓缩汁也是禁止的。

①用量:理论上每升加1.53 g酒石酸能增加硫酸酸度1 g/L,实际操作中,一般每千升葡萄汁中添加1 000 g酒石酸。

②酒石酸的用法:先用少量葡萄汁将酸溶解,然后将其均匀地加入发酵汁,并充分搅拌。在酿造红葡萄酒时酒石酸应分两次添加,一半加在主发酵槽,当葡萄醪与果皮籽实在一起发酵时;另一半添加在果皮与籽实已经除去之后的后发酵槽。

【例2.1】葡萄汁滴定总酸为5.5 g/L,若提高到8.0 g/L,每1 000 L需加酒石酸为多少?

$$(8.0-5.5)\times 1\,000\ \text{g}=2\,500\ \text{g}=2.5\ (\text{kg})$$

即每1 000 L葡萄汁加酒石酸2.5 kg。

(2)柠檬酸

在葡萄酒中,可用加入柠檬酸的方式。由于葡萄酒中柠檬酸的总量不得超过1.0 g/L,因此,添加的柠檬酸量一般不超过0.5 g/L。柠檬酸主要用于白葡萄酒及淡红色葡萄酒的酸度调节。在第一次下酒时添加,增加酒的新鲜清凉味觉,并能防止铁破败病。因为柠檬酸具有与葡萄酒中的铁生成复盐的性质,在某种程度上能阻止铁的单宁盐与磷酸盐的形成。这是唯一准许加在葡萄酒的酸,而且许可量又很少。

一般情况下,酒石酸加到葡萄汁中,且最好在酒精发酵开始时进行。因为葡萄酒酸度过低,pH值就高,则游离SO_2的比例较低,葡萄易受细菌侵害和被氧化。

1 g酒石酸相当于0.935 g柠檬酸。若加柠檬酸则需加$2.5\times 0.935=2.3$ kg。加酸时,先用少量葡萄汁与酸混合,缓慢均匀地加入葡萄汁中,需搅拌均匀(可用泵),操作中不可使用铁质容器。

(3)添加未成熟的葡萄压榨汁来提高酸度

一般情况下不需要降低酸度,因为酸度稍高对发酵有好处。在贮存过程中,酸度会自然降低,主要以酒石酸盐析出。但酸度过高,必须降酸。方法有物理法降酸和化学法添加碳酸钙降酸。

2)降酸

(1)物理法降酸

①低温冷冻降酸法:葡萄酒中主要有几盐-酒石酸氢钾在纯水和葡萄汁中溶解度大,而在酒液中溶解度小,且其溶解度与温度成正比。将葡萄汁或葡萄酒在人工低温下进行处理达到降酸。当温度降到0 ℃以下时,酒石析出速度加快开始生成酒石酸氢钾沉淀。

②发酵前果汁调整补糖时采用添加糖液的方法,葡萄汁略稀释,可以达到降酸的目的。

③把含酸量较少的果汁与含酸量较高的果汁按需要的比例进行混合,使混合后果汁的含酸量达到适宜的酸度。

(2)化学法降酸

$CaCO_3$降酸反应速度快,成本低,使用方便,其限用量为1.5 g/L。$CaCO_3$与酒石酸反应生成酒石酸钙,会直接降低酒的质量,给酒带来一种邪味。葡萄汁中Ca^{2+}过高也会抑制发酵进行。双盐法是采用$CaCO_3$与一定比例的$KHCO_3$同步降酸,但较大量的$CaCO_3$降酸会引起Ca^{2+}的不稳定。双钙盐是一种碳酸钙和酒石酸钙、苹果酸钙的混合物,以$CaCO_3$为主的降酸方法,产生酒石酸钙、酒石酸氢钙和苹果酸氢钙,经冷冻结晶和过滤达到降酸的目的。

碳酸钙用量计算如下:

$$W=0.66(A-B)L$$

式中 W——所需碳酸钙量,g;

0.66——反应式的系数;

A——果汁中酸的含量,g/L;

B——降酸后达到的总酸,g/L;

L——果汁体积,L。

降酸剂添加方法:将降酸剂用适量的葡萄汁溶解,搅拌至全部降酸剂溶解后静置10 min。

【自测题】>>>

1. 葡萄破碎除梗的目的是什么?
2. 葡萄汁与葡萄醪的处理包括哪些方面?主要目的是什么?

实训项目2 酿酒葡萄成熟度的测定

1)实训目标

①通过葡萄成熟度的测定,了解葡萄成熟阶段糖、酸的变化规律。

②掌握各类葡萄酒用葡萄的采收时间确定与标准。

③强化紫外分光光度计的使用技能。

2)实训原理

酿造葡萄酒对葡萄的成熟度有严格要求,葡萄的含糖量和酸度是两个最重要的成熟度指标。根据酸碱中和原理,采用碱滴定法测定总酸;利用单糖的还原性,用菲林试剂法测定还原糖总量;利用色素的吸光性,测定540 nm下吸光度,计算果皮色价。

3)主要仪器与材料

①材料:菲林试剂、测酸试剂、95%酒精、盐酸等。

②仪器:pH计、手持糖量计、保温桶、托盘天平、量筒、水浴锅、电炉、751(2)型或T-6型分光光度计。

4)实训过程与方法

①采样。转色期开始隔5~7 d采样一次。大面积栽培,采用250株取样法:每株随机取1~2粒果实,共取300~400粒,面积较小的品种,可随机选取几株葡萄树取5~10穗果实。装入塑料袋然后置于冰壶中,迅速带回实验室分析。

②百粒重与百粒体积。随机取100粒果实,称重,然后将100粒果实放入500 mL量筒中,定量加水至完全淹没果实,读取量筒中水面体积。量筒体积读数减去加入水的体积数,即为葡萄百粒体积。

③出汁率测定。取果粒500 g或1 000 g,放入小压榨机或大研钵中压碎,然后自然滴出葡萄汁,称汁得自流汁质量(mL);葡萄浆压榨至汁净为止,称汁得压榨汁质量(m^2)。

出汁率计算如下:

$$自流汁率=\frac{m_1}{m}\times 100\%$$

$$总出汁率=\frac{m_1 m_2}{m}\times 100\%$$

式中 m——试样质量,g;

m_1——葡萄浆自流汁质量,g;

m_2——经压榨流出的葡萄汁质量,g。

④可溶性固形物。用手持糖量计测定葡萄汁的可溶性固形物(%)。

⑤pH与总酸。取汁20 mL用pH计测定pH;用碱滴定法测定总酸。

⑥还原糖与总酸。用菲林试剂法测定还原糖。

⑦果皮色价测定。选取被测葡萄不同色泽的果粒20粒,洗净擦干,取下果皮并用吸水纸擦净皮上所带果肉及果汁,然后剪碎,称取0.2 g果皮用盐酸酒精液(1 moL/L盐酸:95%酒精=15∶85)50 mL浸泡,浸渍20 h左右,然后测定540 nm下吸光度,计算果皮色价:

$$色价=\frac{A\times 10}{m}$$

式中 A——吸光度;

m——果皮质量,g。

5)实训成果与总结

①绘制上述测定项目随时间变化的曲线,了解各指标变化规律。

②分析浆果成熟度与各指标的关系。

③总结不同葡萄的采收时间与标准。

6)知识拓展

酿酒葡萄的工艺成熟度与生理成熟度之间的关系如何?

项目3

葡萄酒生产中辅料的应用

【学习目标】

1. 掌握 SO_2 在葡萄酒生产中的作用及用量。
2. 了解 SO_2 的来源。
3. 熟悉各种辅料的特点及作用。

任务3.1 SO_2 的应用

在葡萄酒生产过程中,SO_2几乎是不可缺少的一种辅料,起着极其重要的作用。在葡萄汁保存、葡萄酒酿制及酿酒用具的消毒杀菌过程中,常常需要添加SO_2或能产生SO_2的化学添加物,以保证葡萄酒生产的顺利进行。

3.1.1 SO_2在葡萄酒生产中的作用

SO_2在葡萄酒生产中的作用是多方面的,既可杀菌又可防氧化,既可澄清又有溶解的作用,还能够增酸。正是由于其具有多种作用,才使其成为葡萄酒发酵过程中不可或缺的重要生产辅料。

1)杀菌防腐作用

SO_2在葡萄汁中可使部分微生物繁殖,抑制其他微生物的生长。被抑制生长的微生物大多数是对葡萄酒酿造起不良影响的微生物,例如,果皮上的一些野生酵母、霉菌及其他一些杂菌;能够保持繁殖的微生物大多属于酵母类,特别是用于葡萄酒酿制的纯粹培养的酵母,对SO_2的抵抗能力要比其他微生物强。这样,根据葡萄的质量、外界的温度,使用适量的SO_2净化发酵醪,使优良酵母获得良好的生长条件,保证葡萄醪的正常发酵。

2)抗氧化作用

由于亚硫酸自身易被葡萄汁或葡萄酒中的溶氧氧化,使其他物质(芳香物质、色素、单宁等)不易被氧化,阻碍了氧化酶的活力,具有停滞或延缓葡萄酒氧化的作用,对于防止葡萄酒的氧化浑浊,保持葡萄酒的香气都很有好处。

3)增酸作用

在葡萄汁中添加SO_2,可一定程度地抑制分解酒石酸、苹果酸的细菌,SO_2又与苹果酸及酒石酸的钾、钙等盐作用,使它们的酸游离,增加了不挥发酸的含量。同时,亚硫酸被溶于葡萄汁或葡萄酒中的氧氧化为硫酸,也使酸度增高。

4)澄清作用

在葡萄汁中添加适量的SO_2,可延缓葡萄汁的发酵,使葡萄汁获得充分的澄清。这种澄清作用对制造白葡萄酒、淡红葡萄酒以及葡萄汁的杀菌都有很大益处。若要使葡萄汁在较长时间内不发酵,添加大量的SO_2就可推迟发酵。

5)溶解作用

将SO_2添加到葡萄汁中,与水化合会立刻生成亚硫酸(H_2SO_3),能够促进果皮中色素成分的溶解。这种溶解作用对葡萄汁和葡萄酒色泽有很好的保护作用。

3.1.2 SO_2在葡萄汁和葡萄酒中的变化

SO_2添加到水、果汁、水和酒精混合溶液或葡萄酒中,首先与水化合生成亚硫酸:

$$SO_2 + H_2O \longrightarrow H_2SO_3$$

果汁中或者葡萄酒中的亚硫酸,部分蒸发消失,少部分被氧氧化为硫酸:

$$2SO_2 + 2H_2O + O_2 \longrightarrow 2H_2SO_4$$

没蒸发掉的亚硫酸与糖、色素、醛等化合生成不稳定的化合物。亚硫酸在酒中与醛化合生成乙醛亚硫酸:

$$CH_3—CHO + H_2SO_3 = CH_3CH(OH)SO_3H$$

乙醛亚硫酸是一种对空气中的氧很稳定的化合物,但在酸或碱的作用下很容易分解。

亚硫酸在与乙醛化合反应完成后,剩余的亚硫酸和糖(醛糖)发生化合反应,如葡萄糖亚硫酸等。亚硫酸和糖化合反应的速度比与醛反应的速度要慢得多,并且得到的化合物会很快分解。亚硫酸与糖(醛糖)化合的反应是可逆的,且平衡状态很快就能达到。除此之外,亚硫酸还与色素、果胶质、酮类、酚类等化合,生成亚硫酸的加成化合物。

由此可见,葡萄汁或葡萄酒中的亚硫酸总是以两种形式存在:一种是游离亚硫酸;另一种是化合亚硫酸。

游离亚硫酸和化合亚硫酸在葡萄汁或葡萄酒中存在不稳定的平衡,如下式所示:

$$SO_2 + H_2O = H_2SO_3(\text{游离形式}) = H_2SO_3(\text{化合形式})$$

亚硫酸在葡萄汁或葡萄酒中的化合反应开始时速度很快,后来就很快慢下来。如葡萄汁在亚硫酸中处理5 min后,几乎有一半的亚硫酸变为化合状态。两昼夜以后,化合亚硫酸占60%~70%。经过10 d,化合亚硫酸约有90%。亚硫酸变为化合亚硫酸,防腐性明显降低。但当平衡稍有破坏时,如游离的亚硫酸被氧化为硫酸,化合亚硫酸就会分解,补充游离亚硫酸,达到新的平衡。因此,可将化合亚硫酸看成是亚硫酸的贮备物,通过调节这种平衡(如调节氧化过程控制葡萄汁的成分、温度以及控制SO_2的添加量等),来保持葡萄汁或葡萄酒中一定的游离亚硫酸含量。

在葡萄汁或葡萄酒中添加SO_2有增酸的作用,可从两个方面理解:一是游离亚硫酸被氧氧化为硫酸,生成的硫酸没有以游离态存在,而是从有机酸盐中置换出有机酸,提高了有效酸度;二是由于亚硫酸部分与乙醛化合生成乙醛亚硫酸,而乙醛亚硫酸具有较强的酸性,因此,乙醛亚硫酸的存在也提高了酒中的有效酸度。

SO_2作为一种能逐渐吸收溶解氧(在Fe^{2+}或有单宁存在的条件下,效果更显著)的物质,在葡萄酒或葡萄汁中能够被强烈氧化,减少了醪液中溶解氧的含量,降低了氧化还原电位。SO_2首先接受氧化,使其他物质(芳香物质、色素等)不可能立即迅速氧化,阻碍了氧化酶的活力,停滞或延缓了葡萄汁或葡萄酒的氧化作用。在一定的封闭和贮存条件下,还原程度取决于葡萄汁或葡萄酒中SO_2的含量。红葡萄酒中单宁含量高,单宁也起一定的阻碍氧化的作用,因此,SO_2的添加量一般少于白葡萄酒。

亚硫酸可使葡萄的色素成为无色。因此,有色葡萄酒或葡萄汁在被亚硫酸处理后,色泽变得很淡或无色。酒中的亚硫酸被蒸发或氧化,原先的化学平衡被破坏,和色素化合的亚硫酸被分解,色素被还原。

在葡萄酒中,亚硫酸与乙醛的化合,减少了游离乙醛所具有的不愉快的苦味,从这点讲,对酒的风味有好的影响。但随着游离SO_2的氧化,亚硫酸与乙醛形成的化合物会因化学平衡的破坏而被解离,生成部分游离乙醛,又给葡萄酒带来乙醛的苦味。因此,在工艺上,要控制加入酒中的SO_2的量,尽量使其等于葡萄酒换桶时由于通气产生氧化需要消耗的SO_2,以阻止乙醛释出。酿制白兰地酒则与此相反,因为蒸出的原白兰地酒在贮存过程中,乙醛起着重要的作用,且乙醛需处在游离状态,而乙醛亚硫酸则会对白兰地酒的风味起不良的影响。

3.1.3 SO_2的来源

1)燃烧硫黄生成SO_2气体

在燃烧硫黄时,会生成无色、令人窒息的SO_2气体,它易溶于水,是一种有毒的气体。生产中多使用硫黄绳、硫黄纸或硫黄块,对设备、生产场地和辅助工具进行杀菌。在熏烧时切忌将硫黄滴入容器内,如滴入容器中,葡萄酒即会产生一种臭鸡蛋味。

2)SO_2液体

气体SO_2在一定的压力或冷冻条件下可转化成为液体,液体SO_2相对密度为1.433 68,储藏在高压钢瓶内。使用时,通过调节阀释放出液体或气体的SO_2。液体SO_2可用于各种需要SO_2的环节。在大型发酵容器中,加入SO_2液体最简单、方便。在良好的控制条件下,通过测量仪器,可将SO_2液体定量、准确地注入葡萄汁或葡萄酒中。

3)亚硫酸

将SO_2通入水中,与水混合即成亚硫酸。制造亚硫酸时,水温最好在5 ℃以下,这样可制得浓度在6%以上的亚硫酸。亚硫酸多用在冲刷酒瓶中。添加亚硫酸会稀释葡萄汁或酒,因此,不主张在葡萄汁或酒中直接加入亚硫酸。

4)偏重亚硫酸钾

偏重亚硫酸钾($K_2S_2O_5$)是一种白色、具有亚硫酸味的结晶,理论上含SO_2 57%(实际使用中按50%计),必须在干燥、密闭的条件下保存。使用前先研成粉末状,分数次加入软水中,一般1 L水中可溶偏重亚硫酸钾50 g,待完全溶解后再使用。

3.1.4 SO_2在葡萄汁或酒中的用量

SO_2在葡萄汁或葡萄酒中的用量要视添加SO_2的目的而定,同时也要考虑葡萄的品种,葡萄汁及酒的成分(如糖分、pH值等)、品温以及发酵菌种的活力等因素。SO_2加入葡萄汁或葡萄酒中,与酸、糖等物质化合,形成部分化合状态的亚硫酸,减弱的杀菌防腐能力。化合态亚硫酸的形成量与酒中的酸、糖的含量和品温的升高成正比,酿造葡萄酒的纯粹培养酵母对SO_2的抵抗力比野生酵母、霉菌和杂菌强。一般葡萄汁或酒中含有万分之一的游离状态的SO_2就已足够杀死活细菌类。使用洁净葡萄生产的良好葡萄汁,酸度在8 g/L以上,酿酒品温较低时,SO_2的用量少;使用洁净、完全成熟的葡萄生产的良好葡萄汁,酸度在6~8 g/L,酿酒品温较低时SO_2的用量适中;使用个别生霉、破裂的葡萄生产的葡萄汁,SO_2的用量一般应高出良好葡萄汁发酵用量的2倍以上。

SO_2用量不可过大,要分多次使用,且每次用量要少,在有把握的条件下能够少用或不用更好。使用SO_2量过多时,可将葡萄汁或酒在通风的情况下,过滤,或者适量通入氧或者双氧水,均可排除或降低SO_2的含量。

在发酵过程中,由于CO_2的产生,使SO_2大部分释放到空气中,因此,发酵完成后新酒中SO_2的含量降低。为保证葡萄酒的质量,在葡萄酒换桶时,酒液还没有完全澄清,可适量加入

SO_2,促使酒液澄清和防止酒的氧化。在生产中 SO_2 的添加量不得超过各个国家法律颁布的最大允许量,见表 3.1。

表 3.1 主要产葡萄酒国家(地区)游离和总 SO_2 的法定限量

国家(地区)	葡萄酒或葡萄汁	总 SO_2 的最高限量/($mg \cdot L^{-1}$)	游离 SO_2 的最高限量/($mg \cdot L^{-1}$)
法国	白红、干佐餐葡萄酒	225	100
	干红佐餐葡萄酒	175	100
	甜白佐餐葡萄酒	275	100
	甜红佐餐葡萄酒	225	100
	其他	300	100
欧盟	干白葡萄酒	225	—
	干红葡萄酒	175	—
	甜白葡萄酒	275	—
	甜红葡萄酒	225	—
	晚收葡萄酒	300	—
	一般甜葡萄酒	400	—
德国	葡萄酒	300	50
	葡萄汁	300	—
美国	葡萄酒	450	—
意大利	葡萄酒	200	—
	葡萄汁	350	—
西班牙	干白葡萄酒	350	50
	干红葡萄酒	220	30
	甜白葡萄酒	450	100
阿根廷	葡萄酒	350	—
澳大利亚	葡萄酒	400	100
葡萄牙	原葡萄酒	—	20
希腊	葡萄汁	—	—
		450	100
罗马尼亚	葡萄酒	450	100
智利	葡萄酒	200	50
巴西	葡萄酒	350	50
	原葡萄酒	200	20
俄罗斯	特殊葡萄酒	400	40
中国	葡萄汁	125	—
	葡萄酒	250	30

注:在游离 SO_2 含量上可放宽 10%。

任务3.2 葡萄酒生产的其他辅料

葡萄酒生产中除常用SO_2外,还要使用一些其他化学品。使用药品的目的主要在于防止杂菌污染,清除生产设备的异味,提高葡萄汁和酒的抗氧化能力或使葡萄酒澄清等。使用的药品首先应符合下列基本要求:

①药品必须经过食品安全性毒理学评价程序,证明在使用范围内对人体无害。

②加入葡萄汁或酒中的药品应符合国际葡萄和葡萄酒组织(OIV)规定的葡萄酿酒辅料标准,有害杂质不能超过允许限量。

③特殊酒可添加许可的药品,但不能使用药品来掩盖酿造葡萄酒的质量缺陷。

④根据工艺需要,产品销售地的法规,合理选择药品以及使用方式和用量。

3.2.1 洗 液

在设备检修过程中需要根据不同的情况配制一些洗液。

(1)5%的热碱液

称取50 kg碳酸钠加入950 kg的热水中,即制成5%的热碱液。这种洗液主要用于清除旧木桶的酸味。

(2)脱色液

5%的硫酸10 000 kg与1 kg高锰酸钾混合,即制成脱色液,用于除去发酵桶中的色素和异臭味。

(3)1.5%硫酸溶液

量取5.4 L相对密度为1.84的浓硫酸,注入94.6 L的水中即成。1.5%硫酸溶液主要用于除去新桶材料中的各种可溶性金属离子,使木材酸化,以适应葡萄酒酿造的需要。

(4)100 g/L氯化钙溶液

在10 L水中加入1 kg的氯化钙制得。该液不宜与设备长时间接触,用其处理后,立即用大量水冲洗干净,以免使酒污染,带上氯味。

(5)石灰水

在10 L水中加入0.5~1.0 kg的生石灰,将其溶解后制成石灰水,石灰水中的氢氧化钙容易沉淀,因此,用其清洗桶时,不断搅拌,才能达到洗涤效果。

(6)酸性亚硫酸钙溶液

酸性亚硫酸钙溶液一般使用10 g/L和100 g/L两种浓度。在1 L水中分别加入10 g或100 g酸性亚硫酸钙即可制成。清洗时,设备情况较好的,采用1%的酸性亚硫酸钙溶液;设备情况不太好的,采用10%的酸性亚硫酸钙溶液。

3.2.2 其他酿造辅料

为了保证葡萄酒品质和风味的稳定,生产中常添加一些药品。这些药品的添加必须符合国际葡萄酒和葡萄酒组织(OIV)颁布的葡萄酿酒辅料标准。

1)主要添加剂及其使用

①食用酒精。用于容器、管道灭菌、调整酒度及原酒封口。

②磷酸氢二铵。作酵母营养剂。

③维生素C。做葡萄汁(酒)抗氧剂、酵母营养剂。

④白砂糖。用于调整葡萄汁和葡萄酒的糖度,加量不得超过产生酒精2%(体积分数)的数量。

⑤柠檬酸。用于清洗设备、管道、调整葡萄汁或原酒的酸度。

⑥偏酒石酸。防止酒石酸氢钾及酒石酸钙的沉淀。

⑦碳酸钙。用于葡萄汁降酸。

⑧亚硫酸。用于葡萄汁(醪)、酒抗氧化,杀菌、抑菌。

⑨$K_2S_2O_2$。用于葡萄汁(醪)、酒抗氧化,杀菌、抑菌。

⑩山梨酸。用于葡萄汁抑菌。

⑪果胶酶。用于加速果汁澄清,促进色素和芳香物质溶解。

⑫硫胺素。用于加速酒精发酵、防止形成能与SO_2结合的物质。

⑬阿拉伯树胶处理。防止铜盐破败和出现轻微的三价铁破败,用量不得超过0.3 g/L。

2)气体

①SO_2。用于葡萄醪(汁)杀菌、抑菌,汁、酒抗氧化。

②N_2,CO_2。用于原汁、原酒隔离O_2,防止氧化变质或需氧菌的繁殖。

③无菌空气。用于酵母培养。

3)助滤剂、澄清剂

①硅藻土。助滤剂。

②皂土。澄清剂,防止蛋白质和铜元素的破败。

③活性剂。白葡萄酒脱色、脱苦味。

④明胶、鱼胶、蛋清、单宁、血粉等,下胶帮助澄清。

4)菌种

①酵母。酿造葡萄酒可采用自然发酵,添加培养酵母,购买商品活性干酵母或液体酵母。

②乳酸菌。启动苹果酸乳酸发酵、改善风味、降酸、提高生物稳定性。

5)洗涤剂

①氢氧化钠。溶解有机物能力好,皂化力强,杀菌效果好,使用浓度为1%。

②柠檬酸。用于洗涤设备、容器、管道,使用浓度为2%。

③二亚硫酸钾。用于洗涤发霉管道,使用浓度为0.2%。

④亚硫酸。用于洗涤设备、清洗水泥沟渠等,使用浓度为1%~2%。

6)葡萄酒中不允许使用的添加物

葡萄酒中不允许使用的添加物主要有:增稠剂、糖精、甜蜜素、果糖的代用品、香料和香精、天然香料或香料提取物(除加香葡萄酒外)、合成色素、调味品。

7)应用举例

(1)山梨酸

山梨酸是一种不饱和脂肪酸,无毒性,能被人体完全吸收。对酵母等真菌具有抑制作用,可防止葡萄酒瓶内再发酵。山梨酸在酒精溶液中溶解性低,一般用易溶解的山梨酸钾代替。

我国规定添加山梨酸只限在装瓶前短时间内进行。山梨酸和山梨酸钾同时使用时，以山梨酸计，使用不超过0.2 g/L。有些国家不允许使用。

（2）维生素C（Vc）

维生素C能吸收氧，50 mg能够吸收3.5 mL氧，可用于防止酒中香气成分的氧化，也能防止铁的氧化，避免铁破败病发生。葡萄中只有少量维生素C发酵后葡萄酒中维生素C消失，在装瓶时与SO_2配合使用可缩短红葡萄酒瓶内病的持续时间（用量为20 mg/L）；添加到起泡酒原酒中可改善口味，防止氧化。此法必须在装瓶时加入，用量不应超过0.1 g/L。

（3）酵母皮

葡萄酿酒用的酵母皮是从甜菜废糖蜜上培养的酒类酵母制得的。为避免发酵停止。国外常在葡萄汁中加入酵母皮。将酵母皮加入葡萄汁或葡萄酒中，能吸收一些酵母在增殖过程中产生的有害物质，使发酵过程能够顺利进行。酵母皮的使用剂量不应超过0.4 g/L。红葡萄酒发酵中添加酵母皮0.20 g/L；美味红葡萄酒和白葡萄酒酿酒桶底使用酵母皮量为0.20～0.40 g/L。

（4）乳酸菌

有些葡萄酒在生产中，需添加乳酸菌实现苹果酸—乳酸发酵，改善酒的风味。这就要求添加的乳酸菌必须是从葡萄、葡萄汁、葡萄酒或葡萄的其他制成品中分离出来的。活性乳酸菌含量高于或等于10^8个/mL或10^7个/mL。

3.2.3 葡萄酒中各种物质可接受的最高限量

葡萄酒中各种物质可接受的最高限量，见表3.2。

表3.2 葡萄酒中各种物质可接受的最高限量

品　名	使用量	葡萄酒中的残余量	来　源
抗坏血酸	100 mg/L		法规
柠檬酸		1 g/L	汇编
重酒石酸	10 mg/L		法规
山梨酸			法规
挥发酸		1.2 g/L即20 mol/L（以醋酸表示）。某些特酿陈酒（特别立法和政府控制的葡萄酒）的挥发酸可超过这一限量	汇编
铀		0.2 mg/L	汇编
硼		80 mg/L	汇编
镁		1 mg/L（在正是处于盐酸地种植的葡萄酿皮的葡萄酒例外超过这一限量）	汇编
镉		0.01 mg/L	汇编
炭	100 g/L		法规
盐酸硫胺素（维生素B1）	0.60 g/L		汇编
铜		1 mg/L	汇编
双葡萄棉葵花素		15 mg/L（按“汇编”中定量测定）	汇编

续表

品 名	使用量	葡萄酒中的残余量	来 源
总 SO_2		红葡萄酒含还原物最高 4 g/L 时允许 175 mg/L	汇编
		白葡萄酒和桃红葡萄酒含还原物最高 4 g/L 时允许 225 mg/L	
		红、桃红和白葡萄酒含还原物大于 4 g/L 时允许 400 mg/L	
		特殊的白葡萄酒允许 400 mg/L	
酵母外皮	40 g/L		法规
氯		1 mg/L 根据国家法令，除非葡萄种植地区含有冰晶石，在这种情况下，氯含量不应高于 3 mg/L	汇编
阿拉伯胶	0.3 g/L		法规
甲醇		红葡萄酒 300 mg/L，白葡萄酒和桃红葡萄酒 150 mg/L	汇编
磷酸二铵	0.3 g/L		法规
铅		0.25 mg/L	汇编
聚乙烯吡咯烷铜	80 g/L		法规
过剩的钠		60 mg/L(2.6 mmol/L)（官方机构的葡萄国产出的葡萄酒例外地可以超过这一限量）	汇编
硫酸盐		1 g/L（以硫酸钾表示）	汇编
		1.5 g/L 在木桶中陈酿 2 年以上的葡萄酒，向酒中或者添加葡萄汁或者葡萄酒精或白兰地酒以获得带甜味的葡萄酒	
		2 g/L 加有浓缩葡萄汁的葡萄酒，天然甜葡萄酒	
		2.5 g/L 获得“幕后（Sous-voile）”的葡萄酒	
硫酸	0.3 g/L		法规
硫酸铜	1 g/L		法规
硫胺素（维生素 B_4）	60 mg/L		法规

注：这些限量数据取自《国际葡萄酒法规》简称“法规”和《国际葡萄酒分析方法汇编》简称“汇编”。

【自测题】>>>

1. 思考题

（1）SO_2在葡萄酒酿造过程中有哪些作用？通过哪些物质来添加 SO_2？

（2）葡萄酒酿造过程中常用的洗液有哪些？如何使用？

（3）葡萄酒酿造过程中添加药品有哪些要求？

（4）欧盟和我国在葡萄酒中添加 SO_2的具体要求各是什么？

2. 知识拓展题

（1）在葡萄酒酿造过程中使用 SO_2应注意哪些事项？

（2）家庭酿造葡萄酒常用哪些添加剂和药品？它们的使用情况如何？

项目4 葡萄酒酿造机理与葡萄酒酵母

【学习目标】

1. 了解葡萄酒酵母的生长特性。
2. 掌握扩大培养操作。
3. 了解葡萄酒的发酵机理。
4. 了解影响酵母菌繁殖和发酵的因素。

任务4.1 葡萄酒酵母

酵母菌广泛存在于自然界中,特别喜欢聚集于植物的分泌液中。在成熟的葡萄上附着有大量的酵母细胞。在利用自然发酵酿造葡萄酒时,这部分附着在葡萄上的酵母在酿酒过程中起主要的发酵作用。目前,从葡萄、葡萄酒中分离出的酵母,分布于25个属、约150个种内,人们将葡萄汁中分离出来的酵母菌分为下述3类:

①在发酵过程中起主要发酵作用的酵母。这类酵母发酵力强,耐酒精性好,产酒精能力强,生成有益的副产物多,习惯上称这些为葡萄酒酵母。

②在成熟葡萄上或葡萄汁中数量占大多数,但发酵能力弱的一类酵母。这类酵母的数量与第一类酵母的数量比可高达1 000∶1,假丝酵母、克勒氏酵母、梅氏酵母和圆酵母等都属于此类酵母。

③产膜酵母。产膜酵母是一种好气性酵母菌,当发酵容器未灌满葡萄汁时,产膜酵母便会在葡萄汁液面上生长繁殖,使葡萄酒变质。因此,这类酵母在生产中被看成是不良酵母菌。

在葡萄酒的生产过程中,越来越广泛地使用纯粹培养的优良酿酒酵母代替野生酵母发酵。优良的葡萄酒酵母应满足以下7个基本条件:

①具有很强的发酵能力和适宜的发酵速度,耐酒精性好,产酒精能力强。

②抗SO_2能力强。

③发酵度高,能满足干葡萄酒生产的要求。

④能协助产生良好的果香和酒香,并有悦人的滋味。

⑤生长、繁殖速度快,不易变异,凝聚性好。

⑥不产生或极少产生有害葡萄酒质量的副产物。

⑦发酵温度范围广,低温发酵能力强。

4.1.1 葡萄酒酵母的来源

葡萄酒酿造需要的酵母菌主要来源于3个方面:一是成熟葡萄皮和果梗上附着的野生酵母菌,在压榨时被带入葡萄汁里;二是添加纯粹培养的葡萄酒酵母到葡萄汁中;三是发酵设备、场地和环境中的酵母,在葡萄汁生产和发酵过程中混入。

据研究,成熟的葡萄皮上每1 cm^2约有5万个酵母细胞。在葡萄收获的季节,黄蜂和果蝇是酵母传播的重要媒介。昆虫吸吮果汁时,在虫嘴、脚及肢体上残留的果汁,恰好为酵母菌提供了良好的繁殖条件。这些"携带有酵母菌"的昆虫从破损的葡萄爬到没有破损的葡萄上,酵母菌侵染的范围随之扩大。当黄蜂在葡萄上钻孔时,酵母菌便会从小孔钻入果实内部,致使有些葡萄还在葡萄架上就已开始发酵了。常年栽培葡萄的地区,酵母菌年年增长,逐渐适应了果园气候与葡萄特性,起到了天然筛选作用。新辟葡萄园或栽种少量葡萄的地区,土壤中酵母数量少、质量差,采用天然发酵,效果不佳。

葡萄破碎和压榨过程中,附着有酵母菌的果皮和果梗与葡萄汁相互接触,酵母菌落入葡萄汁中。在发酵过程中，酵母菌吸收葡萄汁中的各种营养物质，不断增殖，并开始发酵。当酵母菌增殖到一定程度时，葡萄汁中的溶氧消耗殆尽，酵母菌的繁殖基本停止，发酵能力逐步达到高峰。一些发酵能力弱的酵母菌由于其耐酒精性差，随着酒精浓度的不断增高而死亡，发酵能力强的葡萄酒酵母的比例相应增加，到发酵结束时已占绝对优势；葡萄汁内的柠檬形酵母对亚硫酸十分敏感，添加亚硫酸后它几乎被全部杀死。

另外，葡萄酒酿造设备，也是酵母菌繁殖的场所，发酵桶、盛酒容器以及管路都有大量酵母菌存在。不过，这部分酵母菌的存在对葡萄酒酿造所起的作用不大。

4.1.2　葡萄酒酵母的形态

葡萄酒酵母与啤酒酵母在细胞形态和发酵能力方面有差别，生物学上将葡萄酒酵母称为啤酒酵母葡萄酒酵母变种（Sacchromyces Cerevisiae var. Ellipsoideus）。葡萄酒酵母在葡萄汁中会产生葡萄香或葡萄酒香，即使在麦芽汁中也会产生以上香气。在含糖的溶液中繁殖，液体先呈现薄雾状，继而形成灰白色沉淀。葡萄酒酵母能分泌转化酶，可发酵蔗糖；葡萄酒酵母可用于葡萄酒、果酒、醋和酒精等的生产。

葡萄酒酵母为单细胞真核生物，细胞形态呈圆形、椭圆形、卵形、圆柱形或柠檬形。由于生长阶段、生长环境的不同，细胞大小会有较大差异。直接参与葡萄酒发酵的酵母通常为7 μm×12 μm。发酵葡萄浆时，葡萄酒酵母以多端出芽的无性繁殖为主。

葡萄酒酵母在葡萄汁固体培养基上，菌落呈乳白色，不透明，但有光泽，菌落表面光滑、湿润，边缘较整齐。随着葡萄酒酵母培养时间的延长，菌落光泽逐渐变暗。菌落一般较厚，容易被接种针挑起。

葡萄酒酵母细胞在对数生长期呈淡黄色，进入发酵旺盛期后呈黄色或褐色，细胞体积开始逐渐缩小，死细胞的细胞壁常会弯曲萎缩，形成一些不规则的小球体。

4.1.3　葡萄酒酵母的选育和纯培养

在自然条件下，葡萄汁中发酵能力强的葡萄酒酵母只占少数，这样就使得发酵周期延长，发酵过程也不易控制。为加快发酵速度，保证葡萄酒的质量和风味，需要从野生酵母菌中选育出优良的葡萄酒酵母菌株，经纯粹培养后接入葡萄汁中进行发酵。

1）葡萄酒酵母的选育

从葡萄园土壤、发酵场地与设备选取，或从葡萄汁和自然发酵的酒醪中采样，以葡萄汁琼脂培养基为筛选培养基，筛选酵母菌。对筛选出的数株葡萄酒酵母进行理化分析测定，测定内容包括：发酵力与酒精收得率，热死温度，对乙醇、SO_2的抵抗能力等。经过分析比较，最后选出优良的葡萄酒酵母菌株。

2）葡萄酒酵母的纯培养

葡萄酒酵母的纯培养采用平板划线分离法。取1 mL发酵液用无菌水稀释，在无菌条件下，用接种针挑取适当稀释的菌液，在培养皿中划线接种，然后倒置，在25 ℃左右的温度下培养，3～4 d后出现白色菌落，再移植到无菌葡萄汁中培养。选取呈葡萄酒酵母形态、繁殖速度快的数株酵母，进行一系列鉴定工作后，可能获得较为理想的纯粹葡萄酒酵母菌种。

4.1.4 酵母扩大培养和天然酒母的制备

1)扩大培养流程

葡萄酒酵母纯培养一般在葡萄酒发酵开始10~15 d进行。由菌种活化到生产酵母，需经过数次扩大培养。其工艺流程如图4.1所示。

原种 ⟶ 麦芽汁斜面试管菌种 ⟶ 液体试管菌种 ⟶ 三角瓶菌种 ⟶ 大玻璃瓶(卡氏罐)菌种 ⟶ 酒母罐菌种

图4.1 葡萄酒酵母扩大培养流程图

2)酵母扩大培养过程

(1)液体试管培养

采选熟透的好葡萄数穗，制得新鲜的葡萄汁，装入数支灭过菌的试管，装入量为试管1/4。在58.8 kPa的蒸汽压力下，灭菌20 min，冷却至28 ℃左右，接入葡萄酒酵母菌，在25~28 ℃温度下培养1~2 d，发酵旺盛时转入三角瓶培养。

(2)三角瓶培养

在500 mL的三角瓶中加入100 mL葡萄汁，在58.8 kPa的压力下灭菌，于25~28 ℃接入250 mL液体试管酵母菌，培养1~2 d。

(3)大玻璃瓶培养

取10 L左右的大玻璃瓶，用150 mg/L的SO_2杀菌后，装入6 L葡萄汁，用58.8 kPa的蒸汽灭菌(加热或冷却时要缓慢，否则玻璃瓶易破碎)，冷却至室温，接入7%的三角瓶菌种，于20 ℃左右培养2~3 d。

(4)酒母罐培养

在葡萄汁杀菌罐中，通入蒸汽加热到葡萄汁温度为70~75 ℃，保持20 min后，在夹套中通冷却水使其降到25 ℃以下，将葡萄汁打入已空罐杀菌后的酵母培养罐中，加入SO_2 80~100 mg/L，用酸性亚硫酸或偏重亚硫酸的钾盐，对酵母菌进行亚硫酸驯养。接入2%的大玻璃瓶菌种，通入适量无菌空气，培养2~3 d，当发酵达到旺盛时，葡萄酒酵母扩大培养即告结束，此时可接入生产葡萄汁中。

3)扩大培养条件

葡萄酒酵母扩大培养条件，见表4.1。

表4.1 葡萄酒酵母扩大培养条件

扩培过程	液体试管	液体三角瓶	卡氏罐	酵母培养罐
容器容量	20 mL	500 mL	10 L	200~300 L
葡萄汁装量	10 mL	250 mL	6 L	160~200 L
葡萄汁浓度/°Bx	≥16	≥16	≥16	≥16
杀菌条件	0.06 MPa,20 min	0.06 MPa,20 min	0.06 MPa,20 min	70~75 ℃,20 min
添加SO_2	—	—	冷却后加80 mg/L	冷后加80~100 mg/L
培养温度/℃	25~28	25~28	20	18~20
培养时间/d	1~2	1~2	2~3	2~3
通入空气	定时摇动	定时摇动	定时摇动	通空气或搅拌
扩大倍数	-	12.5	12	14~25

4.1.5 酒母用量

酒母的用量与采用的发酵方法有直接关系,绝对纯粹发酵的酵母菌用量较相对纯粹发酵高。一般在初榨期,绝对纯粹发酵母用量为2% ~4%,若葡萄已破裂、长霉或有病害,则要加大接种量;相对纯粹发酵母用量为1% ~3%。经过几批发酵以后,发酵容器上附着有大量的葡萄酒酵母,酒母量可减到1%。添加酒母必须在葡萄汁加 SO_2后4 ~8 h,以避免游离 SO_2影响酒母正常的发酵作用。

目前,仍然有不少厂家采用自然发酵工艺来生产葡萄酒。其方法为:取完全成熟的清洁优质葡萄,加0.05% SO_2或0.12%酸性亚硫酸钾,混合均匀后,至于温暖处,任其自然发酵。经过一段时间发酵,当酒精含量达到10%时,即可用作酒母。若酒精含量低于10%,则发酵能力弱的柠檬形酵母占多数。只有当酒精含量达到10%时,发酵力强的葡萄酒酵母才能占到绝对优势,此时其他发酵力弱、耐酒精性差的酵母菌大多失去活力,得到的天然酒母可以看成是葡萄酒酵母的扩大培养液。

在葡萄酒的生产过程中,也可以接入一部分处于旺盛期的发酵液代替酒母,省掉天然酒母的培养过程。

任务4.2 发酵机理

4.2.1 酒精发酵机制

酵母菌的酒精发酵过程为厌氧发酵,如果有空气存在,酵母菌就不能完全进行酒精发酵作用,而会部分进行呼吸作用,把糖转化为 CO_2和水,使酒精产量减少。因此,葡萄酒的发酵要在密闭无氧的条件下进行。这种现象首先被法国生物学家巴斯德发现,成为巴斯德效应。酒精发酵可以分为4个阶段:

①葡萄糖磷酸化生成活泼的1,6-二磷酸果糖。

②1分子1,6-二磷酸果糖分解为两分子磷酸丙糖。

③3-磷酸甘油醛转变为丙酮酸。

④丙酮酸脱羧生成乙醛,乙醛在乙醇脱氢酶的催化下,还原成乙醇。

葡萄糖发酵生成乙醇的总反应式为

$$C_6H_{12}O_6 + 2ADP + 2H_3PO_4 \longrightarrow 2CH_3CH_2OH + 2CO_2 + 2ATP$$

4.2.2 副产物的形成

在葡萄酒的酿造过程中,除酒精和 CO_2外,还有一些微量物质。这些微量物质对葡萄酒的质量和风味常常起着决定性的作用,习惯上把它们统称为葡萄酒发酵的副产物。这些副产物按代谢途径可分为初级副产物和次生副产物。

(1)初级副产物

初级副产物是指酒精发酵过程中积累的中间产物,或者是由简单的生物化学反应(如氧化还原反应)生产的副产物,如乙醛、丙酮酸、乙酸乙酯等;三羧酸循环过程中的中间产物,如柠檬酸、延胡索酸、苹果酸等也包括在初级副产物中。

(2)次生副产物

次生副产物为经次级代谢过程才能形成的物质,如高级醇、高级脂肪酸等。还包括其他来源产生的物质,如葡萄汁中含有的果胶类物质的分解物等。

葡萄酒发酵过程中形成的副产物很多,这里只介绍最主要的一些副产物。

1)甘油

甘油是一种三元醇。纯甘油无色、无臭、味微甜,是一种黏稠的液体,对葡萄酒的酒体和风味的形成具有重要作用。研究表明,甘油是决定葡萄酒质量的重要成分之一,适量甘油的存在能改善葡萄酒的质量,形成良好的口感和增加酒的醇厚感,并可增加酒的黏度。甘油在较高浓度时呈甜味。因此,甘油是一种很重要的葡萄酒内容物。

甘油是由磷酸二羟基丙酮酸转化而来的。甘油的生成量随着发酵葡萄汁中糖含量的增加而增加;发酵醪中甘油与酒精的比例,随着葡萄汁中糖浓度的增加而增加;另外,染有葡萄孢霉的葡萄酒,由于在发酵过程中受杂菌的影响,产酒精量略低,其甘油含量较一般葡萄酒含量高。因此,精制葡萄酒中的甘油有两个主要来源:一是酵母发酵过程中产生的甘油;二是葡萄孢霉代谢产生的甘油。

2)有机酸

葡萄酒在发酵中还会产生许多有机酸,重要的有醋酸、乳酸、琥珀酸、苹果酸、酒石酸和柠檬酸等。

(1)乳酸

乳酸是由糖酵解过程中的中间产物加氢生成的,主要是由丙酮酸加氢形成的。酵母正常发酵时产生的乳酸量比较少,为100~200 mg/L,其中大部分是D-乳酸,另有一小部分是L-乳酸。乳酸在葡萄酒的外加酸中,是添加效果最好的单一酸。等量的乳酸和柠檬酸是混合酸中添加效果最好的。

(2)醋酸

醋酸是葡萄酒中含量较高的一种有机酸,由乙醛脱氢酶将乙醛直接氧化而成。醋酸有一定的酸味,含量高时,具有不利的感官效应。醋酸的产生往往与醋酸菌的污染有关。酵母菌繁殖和开始发酵时,葡萄汁中含有一定量的溶解氧,也会产生一些醋酸。美国法规对于葡萄酒中醋酸的限量为:白葡萄酒1.2 g/L,红葡萄酒1.4 g/L。

(3)柠檬酸

葡萄酒中柠檬酸的含量大约为0.5 g/L。葡萄酒中柠檬酸只有一部分是由酵母菌代谢产生的,柠檬酸也是三羧酸循环中的一个有机酸,属于糖代谢的中间产物,还有相当一部分柠檬酸来自葡萄汁中。

葡萄酒中还含有较多的琥珀酸、苹果酸和酒石酸,同柠檬酸一样也是来自三羧酸循环和葡萄汁中。但这些有机酸在葡萄酒酿造中作用不大。

3)高级醇

在发酵生产中,高级醇习惯上称为杂醇油,主要成分为异戊酸、活性戊酸、异丁醇和正丙醇等。高级醇在酒精生产中被看成是杂质，而在酒的生产中它是不可替代的风味物质。高级醇可以是氨基酸代谢的副产物，也可以利用合成相应氨基酸的糖代谢途径产生。通过发酵生产的葡萄酒中，高级醇主要是由葡萄汁中的糖代谢产生的，如3-甲基丁醇以及很有代表性的异丁醇，就是由发酵的中间产物丙酮酸或乙醛生成的。

由于高级醇主要是由糖代谢生成的，一般情况下，葡萄汁的质量越好，其含糖量越高，高级醇的浓度就越高。

在葡萄酒中数量很少的己醇，是由不饱和的长链脂肪酸亚油酸和亚麻酸分解生成的，小部分是由酵母菌代谢生成的。己醇有木头味和青草气味。

4）甲醇

甲醇是一种一元醇，主要在酶分解果胶类物质时产生。在发酵过程中，果胶被果胶甲基酯酶分解，释放出甲醇，红葡萄酒生产中，皮渣与果汁接触时间长，果胶溶出多，因此，红葡萄酒中甲醇含量一般都高于白葡萄酒。一些特种白葡萄酒也由于浸泡或浸渍香料或药材，而使酒中甲醇含量增加。在通常情况下，微量的甲醇不会对人的健康造成不良影响，反而对酒的风味有所改善。

5）果胶分解物

酵母能分解果胶，使果胶大分子分解为小分子物质，发酵液的黏度下降。对葡萄酒酿造来说，发酵时酵母菌对果胶的分解在工艺上具有十分重要的意义。果胶在发酵过程中未被充分分解，新葡萄酒黏度大，过滤相当困难。生产中可加入果胶酶来帮助果胶的分解。果胶分解可产生半乳糖醛酸。葡萄酒中游离的半乳糖醛酸的含量为0.3～2.0 g/L，一般为0.4～1.3 g/L，只有少数几种甜葡萄酒才超过2 g/L。

6）酯

酯主要是在发酵或陈酿过程中由有机酸和乙醇形成的，如醋酸和乙醇形成的醋酸乙酯。

$$CH_3COOH + CH_3CH_2OH \longrightarrow CH_3COOCH_2CH_3 + H_2O$$

在酸和醇化合形成酯的过程中，有些有机酸比较容易与乙醇化合形成酯，有些难合成。葡萄酒中各种有机酸的酯化都是单独进行的，各有特性，对改良葡萄酒的风味质量，也有不同的效果。一般来讲，乳酸与乙醇形成乳酸乙酯的速度比较快些，而一些相对分子质量大的有机酸形成酯的速度则较慢。

葡萄酒中的酯可分为两类：中性酯和酸性酯。中性酯大部分是由生化反应生成的，如由酒石酸、苹果酸和柠檬酸所生成的中性酯。1 mol的酒石酸和2 mol的乙醇通过化学反应可以生成酒石酸乙酯：

$$2CH_3CH_2OH + HOOC(CHOH)COOH \longrightarrow CH_3CH_2COO(CHOH)_2COOCH_2CH_3 + 2H_2O$$

酸性酯多是在陈酿过程中，由醇和酸直接化合而生成的，例如，乙醇与柠檬酸在陈酿中直接化合生成酸性酒石酸乙酯：

$$HOOC(CHOH)_2COOH + CH_3CH_2OH \longrightarrow HOOC(CHOH)_2COOCH_2CH_3 + H_2O$$

通常情况下，葡萄酒中所含有的中性酯和酸性酯约各占1/2。葡萄酒中酯的含量除了受葡萄汁的质量与酿造工艺的影响外，葡萄酒的贮存期也是其中重要的影响因素。新葡萄酒酯含量一般为176～264 mg/L，陈年老酒的酯含量可达792～880 mg/L。酯在葡萄酒贮存的前两年生成最快，以后速度逐渐变慢。

酯属于芳香物质，在葡萄酒中所占比例虽然不高，但对酒的口味、质量有明显的影响。通常葡萄酒的酯含量高，酒的口感好，酒质也高。

7）醛和酮

许多羰基化合物和酯类一样，对葡萄酒的气味和口味有显著影响。游离的醛和酮都可看成是芳香物质。醛类中最重要的是乙醛。乙醛是发酵生成酒精的中间产物，发酵旺盛期的葡萄发酵醪中，乙醛的含量是最高的。以后随着发酵和贮存时间的延长，乙醛浓度逐渐降低。当乙醛浓度超过阈值时，会使葡萄酒出现氧化味；当乙醛浓度略低于阈值时，则可增进葡萄酒的香气。葡萄酒中还可检测出其他的醛、酮类物质，如异丁醛、正丙醛、正丁醛、异戊醛、己醛以及丙酮等。

任务4.3 影响酵母菌繁殖和发酵的因素

葡萄酒的酿造是依赖于葡萄酒酵母的发酵作用进行的，和一切生物一样，酵母的生长、代谢也受周围环境的影响。在葡萄酒的酿制过程中，发酵温度、发酵醪酸度、渗透压、SO_2浓度、压力、酒精浓度等因素都能直接影响发酵的进程和成品葡萄酒的质量，充分了解各种因素对葡萄酒发酵的影响，是掌握和控制最适当的葡萄酒酿造条件、生产优质葡萄酒的基础。

4.3.1 温　度

葡萄酒酵母繁殖和发酵的适宜温度为26～28 ℃，不论发酵温度高于或低于此温度，都会妨碍酵母菌的正常代谢活动。

1）高温发酵

当发酵温度不超过34～35 ℃时，葡萄酒的发酵速度随温度的升高而加快，发酵周期缩短，酵母活力高，发酵彻底，最终生成酒精浓度高；超过这个温度范围，酵母菌的繁殖能力和代谢持久力就会受到影响；当温度达到37～39 ℃时，酵母菌的活力已明显减弱；温度达到或超过40 ℃时，酵母菌停止发芽。

葡萄酒生产中，发酵温度太高，酵母菌的代谢作用就会受到很大影响，甚至引起发酵中断，使发酵失败，这主要是由于在高温下，酒精抑制代谢活动的强度剧增使酵母菌窒息。另外，高温时酿成的酒风味差、口感不佳，稳定性不好。因此，在葡萄酒生产尤其是优质葡萄酒的生产过程中，不能采用过高的发酵温度。

2）低温发酵

现代化的葡萄酒厂大多将葡萄汁的发酵温度保持在20～22 ℃以下，一般不会超过25 ℃，在这样的发酵温度下，接入纯粹培养的酵母菌，酵母菌适应新环境的时间短，发酵速度较快，发酵进行得比较彻底；同时，低温有利于水果香酯的形成和保留，如15 ℃时，利于辛酸乙酯和葵酸乙酯的生成，20 ℃有利于乙酸苯乙酯的生成；低温还利于色素的溶解，能减少葡萄酒的氧化。在葡萄酒的发酵过程中，为了使生产的葡萄酒获得良好的风味，常采用6～10 ℃或10～15 ℃的低温进行发酵。低温发酵的葡萄酒具有以下一些特点：

①新酒口味纯正。醋酸菌、乳酸菌和野生酵母均喜欢高温，在低温下繁殖速度慢，代谢速度显著减缓。

②酒精含量高。在低温下酵母活力保持持久,发酵速度适宜,酵母菌呼吸和合成细胞内容物消耗的可发酵性糖也较少,低温时酒精也不容易挥发。

③CO_2含量高。在低温下CO_2的溶解度高,且易溶于葡萄酒中,新葡萄酒中的CO_2含量较多,使葡萄酒清爽适口,老化速度减慢。

④低温利于酯类物质的形成。酿制的葡萄酒口味丰满,芳香浓郁。

⑤低温下微生物活动少,便于分离酒石,使葡萄酒澄清。

总之,葡萄汁低温发酵,能酿造出风味优雅、果香浓郁的优质葡萄酒。用酸含量少的果汁酿制果酒,也应选择较低的发酵温度。

4.3.2 pH 值

发酵醪的 pH 值或真正酸度,对各种微生物的繁殖和代谢活动都有不同的影响。pH 值也影响各种酶的活力。由于酵母菌比细菌的耐酸性强,为了保证葡萄酒发酵的正常进行,保持酵母菌在数量上的绝对优势,葡萄酒发酵时,最好把 pH 值控制在 3.3 ~3.5;在这个酸度条件下,SO_2的杀菌能力强,杂菌的代谢活动受到抑制,葡萄酒酵母能正常发酵,也有利于甘油和高级醇的形成。当 pH 值为 3.0 或更低时,酵母菌的代谢活动也会受到一定程度的抑制,发酵速度减慢,并会引起酯的降解。

一般发酵要求葡萄汁酸度为 4 ~5 g/L(以硫酸计),炎热地区生产的葡萄汁糖度常常高而酸度不足(pH 值>3.5,酸度<4 g/L),需进行调酸处理,使其达到发酵所需的酸度。

4.3.3 糖和渗透压

葡萄糖和果糖是酵母的主要碳源和能源,酵母利用葡萄糖的速度比果糖快。蔗糖先被位于细胞膜和细胞壁之间的转化酶在膜外水解成葡萄糖和果糖,然后再进入细胞,参与代谢活动。当没有糖存在时,酵母菌的生长和繁殖几乎停止;糖浓度适宜时,酵母菌的繁殖和代谢速度较快;当糖浓度继续增加时,酵母菌的繁殖和代谢速度会变慢。

葡萄汁中的糖浓度为 1% ~2% 时,酵母菌的发酵速度最快;在正常情况下,葡萄汁中的糖分为 16% 左右时,可得到最大的酒精收得率;当葡萄汁的糖度超过 25% 时,葡萄汁的酒精收得率则明显下降。糖浓度高时影响发酵的正常进行,主要是由于葡萄汁渗透压的增大引起的。在 25% 浓度的蔗糖溶液里,酵母菌的渗透压为 2 300 kPa,而在 25% 浓度的葡萄糖溶液里,酵母菌的渗透压为 5 800 kPa。也就是说,酵母菌渗透压的大小取决于溶液里溶解的溶质分子数。随着溶液中糖浓度的增加,发酵逐渐受到抑制。

有些甜葡萄酒中酒精含量达到 16% ~18% ,为了达到这样高的酒精含量,葡萄汁需要有很高的糖度,更需要筛选出能够耐高糖度、高酒精度的菌种。在糖浓度为 50% 的情况下,虽然发酵速度和最终酒精浓度低,但依然可以发酵。当使用葡萄汁进行自然发酵时,耐渗透压的酵母菌起着引导发酵的作用。耐高渗透压酵母菌的发酵力较一般葡萄酒酵母的发酵力弱得多,发酵所需时间也长得多。

当生产含酒精浓度高的甜酒时,为了缩短发酵时间,可采取分若干次向葡萄汁中加糖的方法,使葡萄汁保持较低的糖度和渗透压,发酵速度快。若糖一次全部加入,则发酵开始时酵母菌就在高渗透压下,生长和代谢活动受到阻碍,发酵时间相对较长。

4.3.4 CO_2及压力

CO_2为正常发酵副产物，每克葡萄糖约产260 mL CO_2，发酵期间CO_2的逸出带走约20%的热量。挥发性物质也随CO_2一起释出，乙醇的挥发损失为其产量的1%～2%，芳香物质损失25%。损失量与葡萄品种和发酵温度有关。发酵产生的CO_2大部分逸到空气中，只有很少量溶解于葡萄之内，与水反应生成碳酸。碳酸在水中电离度很小，属于弱酸。但由于CO_2是酵母菌代谢的最终产物之一，它对酵母菌的代谢活动却有着明显的影响。如果及时排出产生的CO_2，保持较低的CO_2浓度，就会使发酵速度加快。

CO_2对酵母菌繁殖以及葡萄酒发酵的影响，可归纳为以下两点：

①CO_2含量达到15 g/L（相当于720 kPa）时，所有酵母菌的繁殖都会停止。但酵母菌仍然可以进行缓慢的发酵活动。

②当CO_2压力为1 400 kPa时，酒精的生成即告结束。当CO_2压力为3 000 kPa时，酵母菌就会死亡。

在葡萄酒生产过程中，可以利用CO_2对酵母菌发酵的抑制作用来调节发酵进行的速度。例如，当使用发酵罐生产时，在发酵初期，关闭排气阀，罐内CO_2压力不断升高，抑制了酵母菌的繁殖，而此时的CO_2对酵母菌的代谢活动抑制很弱，发酵过程进行迅速，糖的损耗降低，单位糖产酒精多。这种生产方法，较适合于半干葡萄酒或甜葡萄酒的生产。德国、南非、澳大利亚等国就采用加压发酵生产半干葡萄酒。

4.3.5 单　宁

葡萄汁里含有一定量的单宁，单宁的量因葡萄成熟程度、葡萄品种和加工方法等不同有较大差异。单宁能使蛋白质凝固沉淀和变性。葡萄酒酵母耐单宁的能力较强，据测定，加入单宁量超过4 g/L时，发酵才开始受阻；达到10 g/L时，严重抑制酵母菌的发酵作用并使酵母菌迅速死亡。这是由于过多的单宁在发酵过程中吸附在酵母细胞的表面，妨碍原生质的正常代谢，阻碍了细胞膜透析的顺利进行，使发酵作用和酶的作用停止。

多羟基酚和鞣质在葡萄酒发酵过程中不断减少，多羟基酚部分被酵母细胞吸收。红葡萄酒中的花色素为多羟基酚葡萄糖苷，即花色素苷。各种酵母菌对花色素苷都有不同程度的分解，将酚类物质的糖苷释放出来为酵母菌吸收，或在葡萄汁内继续进行变化。在有色葡萄及红葡萄的压榨醪中，单宁以及色素类物质含量高时，会使发酵作用迟缓以致发酵作用进行不完全。这种现象常常出现在葡萄酒主要发酵过程即将完毕时，通过捣池、醪液循环或换桶、通氧等措施，可使酵母恢复发酵活力，发酵得以继续进行。

4.3.6 氮

酵母菌只能利用化合态氮，不能利用空气中的氮气代谢。在葡萄汁和其他果汁内，氮主要以氨基酸或蛋白质的形式存在。不同的果汁中各种氨基酸的比例也不尽相同。例如，葡萄汁中的精氨酸含量比较高，梨汁中含量较高的则是脯氨酸。

发酵过程中，大部分的氨基酸和其他可溶性含氮化合物（如维生素）被酵母菌吸收，还有一部分蛋白质则被酵母菌分解掉。

一般来讲,葡萄汁中的含氮物质,可满足酵母菌的生长、繁殖和积累各种酶的需要。而有些果汁中,由于含氮物质过低,不能满足酵母菌生长、繁殖的需要,如草莓汁、苹果汁和梨汁等含氮量较少。因此,以苹果汁和梨汁等为原料生产果酒时,发酵比较困难。尤其是梨汁,所含的氮大部分是酵母菌难以利用的脯氨酸;如果不添加含氮类物质,这些果汁的天然含氮量只能勉强使少数可发酵性糖发酵,产生5% ~6%的酒精。若要把这类果汁酿造成酒精含量13%左右的甜酒,必须要经过二次发酵,还必须添加一部分氮,以繁殖足够量的酵母菌和生产足够的酶。在果酒酿造过程中,允许添加磷酸铵、硫酸铵和氯化铵等无机氮原,加入量不超过40 g/L。

4.3.7 乙　醇

一般来讲,发酵产物对催化反应的酶活力都有阻碍作用。酒精对酵母菌发酵的阻碍作用,因菌株、酵母状态及温度而异。葡萄酒酵母对酒精有一定的耐受力。虽然大多数葡萄酒酵母都可发酵产生13% ~15%以上的酒精,但影响葡萄酒酵母繁殖的酒精临界浓度只有2%。酒精浓度在6% ~8%时,能使酵母菌芽殖全部受到抑制。随着发酵液中酒精含量的不断增加,酵母菌的发酵作用逐渐减弱,并趋于停止。含糖多的葡萄汁在适宜的条件下经过完全发酵,产生酒精的含量可高达17% ~18%。

酒精对发酵活动的抑制作用与酵母菌的生长状态有很大的关系,酵母越健壮,酒精对酵母菌的抑制能力越低。酒精抑制酵母菌活性的能力随着发酵温度的提高而得以加强。

发酵过程中,乙醇的累积对酚类物质的浸出有重要意义。红葡萄酒典型的滋味与颜色就是乙醇浸提出黄酮和花色苷的结果。加入SO_2使得乙醇的浸提作用明显加强。

4.3.8 SO_2

只有游离SO_2才具有杀菌作用,葡萄汁pH值低,SO_2杀菌活性高。一般溶液中,SO_2的浓度与亚硫酸的浓度成正比。葡萄酒酵母对其不敏感,处于旺盛生长期的酵母甚至比休眠细胞更耐SO_2。葡萄汁内SO_2过多时,会延迟开始发酵的时间。加入SO_2的葡萄汁虽然使发酵延缓进行,但发酵强度和终了的发酵度并没有受到影响。SO_2在发酵过程中对酵母菌及其代谢没有什么损害,只是在开始发酵时起作用。原因是SO_2是一种强还原剂,在过量加入SO_2的葡萄汁中,蛋白质中的二硫键被亚硫酸还原成巯基(—SH)。蛋白质中二硫键的还原,引起其分子的巨大变化。SO_2的这种还原作用,可作用于任一蛋白质。因此,发酵初期,酵母菌中酶的作用会受到抑制。

葡萄酒酵母一般都耐SO_2,葡萄汁中的其他酵母则不耐SO_2。例如,柠檬形酵母,对亚硫酸很敏感,少量的SO_2就可使其活力受到抑制。

【自测题】>>>

1.思考题

(1)如何从自然界分离葡萄酒酵母?

(2)优良葡萄酒酵母应具有哪些特性?

(3)如何进行菌种的扩大培养?

(4)有哪些因素影响葡萄酒风味的代谢副产物?

2.知识拓展题

(1)总结葡萄酒酵母的培养操作规程。

(2)我国葡萄酒酵母使用与国外相比,有哪些特点?

实训项目3 葡萄酒酵母的发酵性能测定

1)实训目标

根据葡萄酒酵母的特点进行发酵性能的测定,掌握评价和筛选优良酵母的方法。

2)实训原理

良好的酿酒酵母应具有较强的抗SO_2能力,在较高的糖度和适宜的温度下,具有良好的发酵能力,并能赋予葡萄酒协调的酒香和果香。通过发酵试验可以评价酵母的发酵性能,帮助选择优良酵母。

3)主要仪器与材料

①材料:成熟良好的葡萄汁、亚硫酸、膨润土、酿酒酵母。

②仪器:酸度计、旋光仪、试管、三角瓶、玻璃瓶、高压灭菌锅、葡萄酒杯等。

4)实训过程与方法

①抗SO_2能力。用杀菌后的葡萄汁在试管中培养酵母,然后在三角瓶中放入杀菌后的葡萄汁100 mL,分别加入0、30、50、100、120、140、160、180 mg/L SO_2,于室温下定期观察,记录其开始起泡发酵的时间。

②不同糖度下的发酵能力。在装有200 mL葡萄汁糖度分别为100、150、220、260、300 g/L的三角瓶中,接入8 mL酵母液,于室温下发酵,待发酵旺盛时,任其发酵,待发酵结束。澄清后,取样分析残糖、酒精度及产酒率。

③不同温度下的发酵能力。在250 mL的葡萄汁中,接入10 mL酵母液,分别在10、15、25、30 ℃发酵,记录发酵时间、产酒率等。

④酵母对于白葡萄酒的酿造性能。将酵母菌接入装有5 L或10 L葡萄汁的玻璃瓶中,将糖调至210 g/L,在15~20 ℃下发酵,发酵结束后除沉淀、过滤、调SO_2,陈酿1个月后进行化学检验、感官品评,需分析和观察的指标见表4.2。

表4.2 感官分析表

葡萄汁		葡萄酒成分							成品感官评价	
含糖量	含酸量	酒度	总酸	挥发酸	总酯	SO_2	总酚	残糖	澄清状况	感官评语

5)实训成果与总结

①记录筛选酵母的特性,分析其酿酒特性。

②总结不同温度、糖度、SO_2浓度对发酵速度、酒质等的影响。

6)知识拓展

请根据所学的知识分析你所实验的酵母是否可以用葡萄酒发酵?有何优缺点?

项目5

葡萄酒酿造技术

【学习目标】

1. 掌握干红葡萄酒的酿造技术。
2. 掌握干白葡萄酒的酿造技术。
3. 熟悉浓甜葡萄酒的酿造技术。
4. 了解桃红葡萄酒的酿造技术。
5. 根据生产的葡萄酒类型选择合适的生产设备、生产工艺，制定基本操作规程。

任务5.1 干红葡萄酒的生产

红葡萄酒是指选择用皮红肉白或皮肉皆红的酿酒葡萄进行皮汁短时间混合发酵,然后进行分离陈酿而成的葡萄酒,这类酒的色泽应呈天然红宝石色。紫红色、石榴红色、失去自然感的红色不符合干红葡萄酒色泽要求。

干红葡萄酒是指葡萄酒酿造后,酿酒原料(葡萄汁)中的糖分完全转化成酒精,残糖量小于或等于4.0 g/L 的红葡萄酒。其中含有人体维持生命活动所需的三大营养素:维生素、糖及蛋白质。葡萄糖是人类维持生命、强身健体不可缺少的营养成分,是人体能量的主要来源。葡萄酒中还有24种氨基酸,是人体不可缺少的营养物质。葡萄酒中的有机酸成分也不少,如葡萄酸、柠檬酸、苹果酸,大都来自葡萄原汁,能有效地调节神经中枢、舒筋活血,对脑力和体力劳动者来说,都是不可缺少的营养物质。干红葡萄酒中还含有 Ve、Vb、VB_2 等多种维生素和钙、镁、铁、钾、钠等多种矿物质,其中矿物质与多种微量元素集合起来,远胜于最优质的矿泉水。

葡萄入厂后,经破碎、去梗,带渣发酵,发酵一段时间后,分离出皮渣(皮渣蒸馏出的酒可作为白兰地酒的原料)。分离出的葡萄酒继续发酵一段时间,主发酵结束,调整成分后进入后发酵,再经陈酿、调配、澄清处理,除菌和包装后得到干红葡萄酒的成品。其酿造工艺如图5.1所示。

5.1.1 葡萄的采摘

在国内,目前葡萄的采摘还是人工作业,使用采摘工具(如剪刀等)进行采摘,采收时一手持采果剪,一手紧握果穗梗,于贴近果枝处带果穗梗剪下,在采摘过程中工人要注意葡萄果穗是否有坏掉的,应将葡萄果穗中破裂的或霉变的果粒剔除,轻放在果篮中。在采收和运输过程中要防止葡萄之间的摩擦、挤压,保证葡萄完好无损。人工采摘精选程度高,只采摘成熟完美的葡萄,品质不够的葡萄就留在葡萄树上,但相对比较耗时以及人工费用较高。

而在国外,法国是世界葡萄生产大国,不仅产量和面积超过我国,而且其葡萄机械化生产管理水平也处于世界领先地位。他们通过对葡萄树进行必要的修剪使其树形结出的果实整齐划一,方便机械化采摘,高大的采收机就可以进入葡萄地进行采摘,机械化采摘优点是快而方便且降低成本,但其缺点是无论是成熟的或不成熟的,霉变的或没有霉变的葡萄全部采摘了下来,后期还要进行分选,在葡萄酒厂,分选是在分选传送带上完成的。

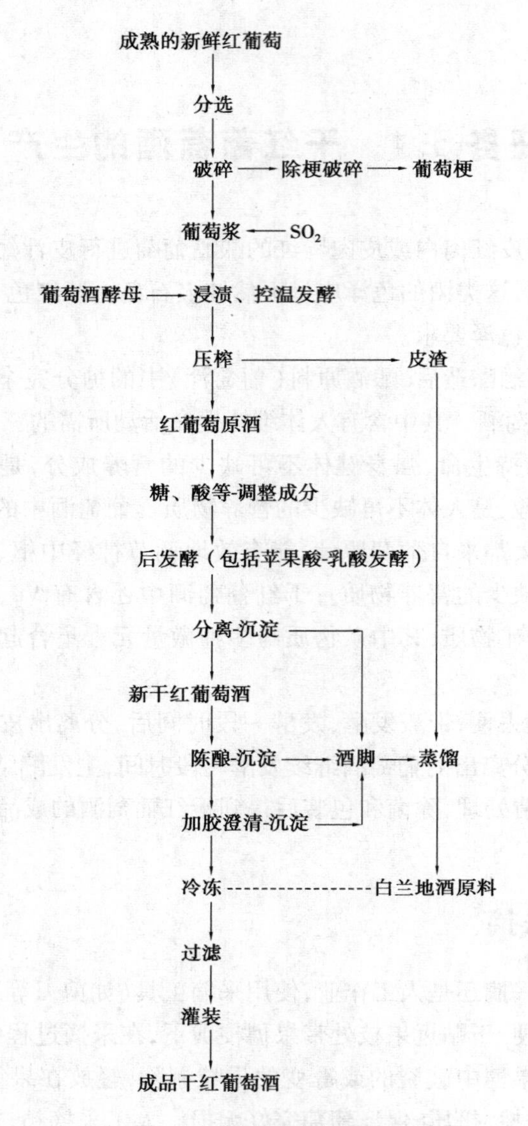

图 5.1　干红葡萄酒生产工艺流程图

5.1.2　葡萄的除梗破碎

葡萄完全成熟后进行采摘，并在较短时间内运到葡萄加工车间。经分选剔除青粒、烂粒后送去破碎。除梗是将葡萄浆果与果梗分开并将后者除去；破碎是将葡萄浆果压破，以利于果汁的流出。在破碎与去梗时，可以用先去梗后破碎的方法，也可以采用先破碎后去梗的方法。前一种方法，葡萄梗不与葡萄浆发生接触，葡萄梗所带有的青梗味、苦味等不良味道不会进入葡萄浆中。目前的趋势是，在生产优质葡萄酒时，只将原料进行轻微的破碎。破碎要求：每粒葡萄都要破碎；籽粒不能压破，梗不能压碎，皮不能压扁；破碎过程中，葡萄及汁不得与铁铜等金属接触。

目前的除梗破碎机有两种：一种是破碎除梗机，另一种是除梗破碎机。

(1)破碎除梗机

破碎除梗机顾名思义就是对葡萄先进行破碎再进行除梗。但它有一定的缺点,果粒破碎的同时果梗也会相应地被破碎,因为葡萄梗上含有一部分劣质单宁,果梗破碎后,果梗中的一些劣质成分会进入葡萄汁影响葡萄酒的质量。还有在除梗的同时果梗上可能会沾有葡萄汁造成浪费。

(2)除梗破碎机

除梗破碎机是对葡萄先进行除梗再破碎。它的优点正好弥补了破碎除梗机的缺点,目前酒厂多采用这种机器。

5.1.3 酒精发酵过程

葡萄除梗破碎完成后,就可以采用果浆泵将葡萄醪液泵送到发酵罐中,调整成分,加入SO_2,接入酵母,进行发酵。红葡萄汁发酵的作用是:葡萄酒酵母大量繁殖,满足发酵对酵母数量的需求,皮渣与醪液充分接触,葡萄皮渣中的色素和单宁类物质充分溶解,赋予葡萄酒悦人的颜色;发酵后期,在无氧条件下,使葡萄汁中糖分大部分转变为酒精,生成葡萄酒风味有益的各种物质及前体物质。在发酵期间每天都要测量葡萄汁的糖度、酸度、温度、比重等。

1)酶处理

在破碎葡萄原料中加入果胶酶,有利于葡萄的出汁。商业化的果胶酶包括分解果胶质的各种酶,可在低pH值条件下活动。在原料中加入20~40 mg/L的果胶酶,处理4~15 h,可提高出汁率15%。即使处理1~2 h,也能显著提高自流汁的比例。

果胶酶处理可加速葡萄汁中悬浮物的沉淀。在加入果胶酶1 h后,葡萄汁中胶体平衡被破坏,从而引起悬浮物的迅速沉淀,使葡萄汁获得更好的澄清度。此外,果胶酶处理可能会导致葡萄汁澄清过度,因此,果胶酶的量要适中。果胶酶处理还使葡萄汁和所获得的葡萄酒在以后更容易过滤。

红葡萄酒的颜色取决于在酒精发酵过程中液体对固体的浸渍作用。在浸渍开始时加入果胶酶,有利于对多酚物质的提取,这样获得的葡萄酒,单宁、色素含量和色度更高,颜色更红。

商业化的果胶酶中,通常含有糖苷酶。糖苷酶可水解以糖苷形式存在的结合态芳香物质,释放出游离态的芳香物质,从而提高葡萄酒的香气。

2)SO_2处理

SO_2处理就是在发酵基质中或葡萄酒中加入SO_2,以便发酵能顺利进行或有利于葡萄酒的储藏。

SO_2是一种杀菌剂,加入SO_2可提高发酵基质的酸度,它能控制各种发酵微生物的活动,推迟发酵开始的时间,从而有利于发酵基质中悬浮物的沉淀。根据加入SO_2的量不同,发酵中的各种微生物所起的作用和危害也各不相同。

破损葡萄原料和霉变葡萄原料的氧化,分别主要是由酪氨酸酶和漆酶催化的,原料的氧化将严重影响葡萄酒的质量。而SO_2可以抑制氧化酶的作用,从而防止原料的氧化。

SO_2的用量一定要适当,使用不当或用量过高,将使葡萄酒具有怪味且对人产生毒害。葡萄酒原料常用的SO_2浓度见表5.1。

表 5.1　葡萄酒原料常用的 SO_2 浓度

原料状况	红葡萄酒 SO_2 浓度/($mg \cdot L^{-1}$)	白葡萄酒 SO_2 浓度/($mg \cdot L^{-1}$)
无破损、霉变、成熟度中,含酸量高	30 ~ 50	40 ~ 60
无破损、霉变、成熟度中,含酸量低	50 ~ 80	60 ~ 80
破损、霉变	80 ~ 100	80 ~ 100

SO_2处理应在发酵触发以前进行。但对于酿造红葡萄酒的原料,应在葡萄破碎、除梗后泵入发酵罐时立即进行,并且一边装罐一边加入 SO_2,装罐完毕后进行一次倒罐,以使所加入的 SO_2与发酵基质混合均匀。

3)酵母的添加

添加酵母就是将人工选择的活性强的酵母菌系加入发酵基质中,使其在基质中繁殖,引起酒精发酵。SO_2处理会使与葡萄原料同时进入发酵容器中的酵母菌的活动暂时停止,并使这些酵母的生命活动速度减慢而呈现休眠状态。添加活性强的酵母可迅速触发酒精发酵,并使其正常进行和结束。这样获得的葡萄酒由于发酵完全,无残糖或其含量较低,酒度稍高,易于储藏。

对于红葡萄酒,应在 SO_2处理 24 h 后添加酵母,以防产生还原味,所加入的酵母群体数量应足够大,不得低于 106 cfu/mL。

将活性干酵母在 20 倍含糖 5% 的温水(35 ~ 40 ℃)中分散均匀,活化 20 ~ 30 min。活化完成后,应使酵母液的温度缓慢降低到葡萄汁的温度,再添加到发酵罐中,并进行一次倒罐混合均匀。

4)发酵控制

发酵过程中,在加入酵母后,发酵就会慢慢开始,随着酵母的繁殖,发酵越来越快,在发酵过程中由于 CO_2气体的释放引起发酵基质的膨胀形成"皮渣帽",而且温度会越来越高,为了避免发酵温度过高带来的各种后果,一旦温度高于 30 ℃时,就得采取措施进行降温,目前酒厂一般采用喷淋冷却,用冷却水直接喷洒在发酵罐上,有的发酵罐外部有冷却带或采用制冷设备。

在发酵初期,发酵液表面很平静,只有少量的葡萄皮渣浮在表面。随着时间的推移,酵母数量迅速增加,发酵产生的 CO_2量也明显增加;发酵液开始出现星星点点的气泡后,气泡数量便不断增加,很快布满液面,泡沫由细小到大,大小逐渐稳定下来,发酵液高度和泡沫高度都在慢慢增长。CO_2大量逸出,把葡萄皮渣不断带到葡萄汁的表面。皮渣在压箅或人工的作用下,被压入葡萄醪液中,葡萄醪的颜色逐渐加深,泡沫的颜色也由最初的洁白逐渐变为浅紫色、深紫色。

酿制干红葡萄酒,要使葡萄皮渣中的色素物质充分溶于葡萄醪中,使葡萄酒具有良好的宝石红色泽。在生产中,可根据所采用的发酵设备和工艺的不同,采用不同的方式来促进色素的溶出。如使用发酵池或橡木桶生产干红葡萄酒,可以利用压板或压箅把葡萄皮渣始终压在葡萄汁中,葡萄汁在发酵过程中,不断上下翻腾,葡萄皮渣中的色素物质能充分地溶入酒中。没有设置压箅或压板时,可在发酵过程中,采用人工将葡萄皮渣往葡萄醪中隔段时间压入一次。其间隔时间要根据发酵温度来确定。发酵温度高,间隔时间短;反之间隔时间长。

一般认为，当发酵醪液糖分大幅度下降，相对密度达到1.020左右时，发酵完成，随即进行皮渣分离。此时，葡萄皮渣中的色素和芳香物质的浸提已很充分。适时分离皮渣，制成的红葡萄酒色泽鲜艳、爽口、柔和，有浓郁果实香味；皮渣停留时间过长，不利于葡萄酒风味的一些物质会过多地溶于酒中，使酒色泽过深，酒味粗糙涩口，酒质下降。

发酵时间一般根据发酵温度确定：发酵温度为24~26 ℃时，发酵时间一般为2~3 d；温度为15~16 ℃时，时间一般为5~7 d。如果葡萄皮色浅，浸提时间可适当延长。当含糖量在24%~26%时，浸提时间可适当缩短。

5）倒罐

倒罐是将发酵罐底部的葡萄汁泵送至发酵罐上部，把葡萄皮渣结成的"盖"弄破，使皮渣重新浸入葡萄醪中。倒罐可以使发酵基质混合均匀，压帽，防止皮渣干燥，促进液相和固相之间的物质交换，使发酵基质通风，提供氧，有利于酵母的活动，并可避免SO_2还原为H_2S。根据倒罐的目的不同，倒罐可以是开放式的，也可以是封闭式的。

根据要求不同，倒罐的方式和次数也不相同，一般情况下，一天倒一次罐即可。在发酵过程中要每天测2~3次温度和比重，以判断酒精发酵是否结束。

5.1.4 出罐和压榨

通过一段时间的浸渍发酵，应将液体即自流酒放出，使之与皮渣分离。由于皮渣中还含有一部分葡萄酒，皮渣将运往压榨机进行压榨，以获得压榨酒。

1）自流酒的分离

自流酒的分离应在葡萄浆相对密度降至1.020时进行，从发酵罐的清汁口让葡萄酒自流下来，泵送入干净的储酒罐中。一般下酒时，醪液中还剩余50%左右的糖。

2）皮渣的压榨

在自流酒分离完毕后，应将发酵容器中的皮渣取出。由于发酵容器中存在着大量的SO_2，因此应等待2~3 h，当发酵罐中不再有SO_2后从入孔进入发酵罐除渣。为了加速SO_2的逸出，可用风扇对发酵容器进行通风。

从发酵容器中取出的皮渣经压榨后获得压榨汁，与自流汁比较，其中的干物质、单宁以及挥发酸含量都要高些。对于压榨汁的处理可以有各种可能性：直接与自流酒混合，这样有利于苹果酸-乳酸发酵的触发；在通过下胶、过滤等净化处理后与自流酒混合；单独储藏并作其他用途，如蒸馏；如果压榨酒中果胶含量较高，最好在普通酒温度较高时进行果胶酶处理，以便于净化。

100 kg新鲜葡萄酒糟，含酒精4~6 kg。可将压榨后的葡萄皮渣立即进行蒸馏，得到皮渣蒸馏酒精，用于调整葡萄酒酒精含量或生产葡萄皮渣白兰地酒。如果条件限制不能马上蒸馏，则应将葡萄皮渣放在贮渣池或干净的水泥台上，堆紧压实，用塑料薄膜遮住以备蒸馏，葡萄皮渣蒸馏前的堆积时间不宜超过24 h。

有些葡萄酒厂利用色泽深的葡萄皮渣来调节色泽浅的干红葡萄酒，经调节后干红葡萄酒色泽悦人，葡萄酒的口味没有不良变化。例如，颜色比较浅的新苏尔红葡萄酒，在紫北塞葡萄皮渣中浸提12 h，浸提以后葡萄酒的色泽明显加深，而挥发酸的含量基本上不发生变化。

根据酿酒工艺要求，在压榨过程中应避免压出果皮、果梗及果粒本身的构成物质。这就要求压榨过程要缓慢进行，压榨压力要缓慢增加，且不能过高。目前，国内压榨设备类型较多，常见的有螺旋压榨机、转筐式双压板压榨机、气囊压榨机等。

(1)螺旋压榨机

螺旋压榨机的优点是：结构简单，操作方便，造价低；可实现连续作业，生产效率高。其缺点是：螺旋叶片与物料剪切作用强，摩擦大。易于挤出果皮、果梗及果籽本身的构成物，使汁中悬浮物及其他不利成分含量升高。这将对葡萄酒，尤其是白葡萄酒的质量造成严重影响；由于无法实现多次压榨，因而为了提高出汁率，则需要较大的压榨压力。这样就增加了螺旋叶片与物料间的摩擦，使汁中悬浮物及其他不利成分的含量升高。正因为螺旋压榨机存在上述缺点，因而在葡萄酒的酿造中，尤其在白葡萄酒的酿造中已逐渐不用。

(2)转筐式双压板压榨机

与螺旋压榨机相比较，其优点是：压榨过程中物料主要受挤压压力，摩擦作用甚小，因而汁中悬浮物含量较少；可以实现松渣及多次压榨，因此压榨压力比螺旋压榨机小；在酿造白葡萄酒时可以对葡萄进行直接压榨，以减少对物料的机械作用。但也存在诸多缺点：渣饼较厚，加压时果汁流道很快会被堵塞，内部果汁不易流出，导致表层皮渣较干而内部皮渣较湿。虽然采取松渣及多次压榨可稍微克服这一缺点，但往往收效甚微。因此，为了保证一定的出汁率，就必须提高压榨压力，其压榨压力仍然较高，一般为0.6~1.0 MPa。转筐周围密封较差，汁在空气中暴露时间长，易于氧化。

(3)气囊压榨机

气囊压榨机的主要优点是：压榨时气囊及罐壁对物料仅产生挤压作用，摩擦作用甚小，不易于将果皮、果梗及果籽本身的构成物压出，因而汁中固体物质及其他不良成分的含量少；可及时进行松渣，因而能够在较低压力状态下，获得较高的出汁率；与转筐式双压板压榨机相比，其渣饼较薄，出汁流畅，压力较低；在酿造白葡萄时，可对葡萄直接进行压榨；生产量大，效率高。正是因为气囊压榨机具有以上突出的优点，因此得到了国内外葡萄酒生产企业的广泛应用。

气囊压榨机按照取汁形式可分为开放式与封闭式两大类。开放式取汁是指压榨时汁从筛孔流出后直接流入接汁槽；封闭式取汁是指压榨时汁先沿径向排往筛筒中，然后再沿轴向通过管道排往接汁槽。开式取汁会造成汁在空气中暴露面积大，时间长，易氧化，因此已逐渐被闭式取汁所代替。

5.1.5 后发酵

后发酵是在葡萄酒前阶段发酵结束后，在酵母菌和乳酸菌的作用下，将葡萄汁中剩余的部分糖和苹果酸分解为酒精、乳酸和CO_2的过程。

要获得优质红葡萄酒，首先，应使糖被酵母菌发酵，苹果酸被乳酸细菌发酵，但不能让乳酸菌分解糖和其他葡萄酒成分；其次，应尽快使糖和苹果酸消失，以缩短酵母菌或乳酸菌繁殖或这两者同时繁殖的时期，因为在这一时期中，乳酸细菌可能分解糖和其他葡萄酒成分，当葡萄酒中不再含有糖和苹果酸时(而且仅仅在这个时候)，葡萄酒才算真正的生成，应尽快除去微生物。

在酒精发酵结束后,应将葡萄酒开放式分离至干净的酒罐中,并将温度保持在 20 ℃左右。在这种情况下,几周后,或在第二年春天,苹果酸-乳酸发酵可能自然触发。但是,为了使葡萄酒的苹果酸-乳酸发酵能在酒精发酵结束后立即触发,则应满足相应的工艺条件。

在酒精发酵结束后,使苹果酸-乳酸发酵在 18 ~ 20 ℃的条件下触发并完成,可以缩短危险期,保证葡萄酒的质量。葡萄酒的 pH 值低于 3.2 时,乳酸菌很难繁殖。只有当乳酸菌的群体数量足够大(大于 106 cfu/mL)时,苹果酸-乳酸发酵才能在 pH 值为 3.2 时进行。

后发酵因残糖少,发酵速度慢,温度低,一般不需要在发酵设备上附设冷却装置。天气较冷的地区,可采用自然窖温进行后发酵操作;天气较热的地区,则需适当用冷空气调节后发酵室温,从而控制后发酵温度。后发酵开始几天,酒中存留的酵母和后发酵初新增殖的酵母菌共同作用,使残糖下降较快,发酵醪表面由于 CO_2 的排出,产生一些泡沫,随着后发酵继续进行,泡沫逐渐消失,液面渐渐地只出现极少的小气泡,并开始变得澄清,表明后发酵基本结束。

后发酵必须使新干红葡萄酒中可发酵性糖全部发酵,这对酿成高质量的干红葡萄酒是至关重要的。

5.1.6 葡萄酒储藏

将葡萄酒储藏在地下酒窖是最好的选择,酒窖中的温度保持在 10 ~ 14 ℃是葡萄酒陈化的理想温度。葡萄酒的储藏还得在阴暗处,因为紫外线的破坏力很大,使葡萄酒中的单宁氧化,从而不可逆转地降低葡萄酒的品质。储藏环境中的湿度如果太低,软木塞会因脱水而收缩,空气则乘隙进入造成氧化(瓶装酒一般会倾斜放置,也可保证软木塞的湿润)。葡萄酒储藏环境的湿度约为 70%,不能低于 50%。湿度如果高于 80% 对瓶装酒并无不妥,但会腐蚀酒瓶上的标签,影响酒瓶的外观并给酒的辨识带来麻烦。为了防止难闻的气味影响储藏的葡萄酒,应保证酒窖的通风良好。储藏的葡萄酒时刻通过软木塞进行“呼吸”,所以要用流动的新鲜空气驱赶酒窖中的霉味和腐烂的气味。在大型的葡萄酒储存设施中,空气的过滤也是必不可少的措施,可防止有害细菌和气味侵入。

1) 澄清

发酵结束后,葡萄酒仍较混浊,因为它含有一些悬浮物,包括果胶、果皮、种子的残屑、酵母和一些溶解度变化很大的盐类等。由于 CO_2 的释放,这些物质仍悬浮在葡萄酒中。经静置后,这些物质逐渐地沉淀于罐底。

转罐是将葡萄酒从一个储藏容器转到另一个储藏容器,同时将葡萄酒与其沉淀物分开。

由于各种原因,在储藏过程中,储藏容器内葡萄酒液面下降,从而造成空隙,添罐就是用葡萄酒将这部分空隙添满,防止酒氧化。如果由于某些原因不能添满就可采用通入氮气以填补空隙。

2) 下胶

下胶是在葡萄酒中加入亲水胶体,使之与葡萄酒中的胶体物质和单宁、蛋白质以及金属复合物、某些色素、果胶质等发生絮凝反应,并将这些物质除去,使葡萄酒澄清、稳定。常用的下胶材料见表 5.2。

表 5.2　常用的下胶材料

白葡萄酒		红葡萄酒	
下胶材料	用量/($mg \cdot L^{-1}$)	下胶材料	用量/($mg \cdot L^{-1}$)
鱼胶	10～25	明胶	60～150
酪蛋白	100～1 000	蛋白	60～100
膨润土	250～500 或更多	膨润土	250～400

3）过滤

过滤是用机械方法使某一液体穿过多孔物质，将该液体的固相部分与液相部分分开。目前常用的过滤设备包括：板框纸板过滤机、硅藻土过滤机、膜过滤机等。

板框纸板过滤机采用的过滤介质是纸板，主要用于葡萄酒的半净滤及精滤，在整个过滤过程中，要保持压力平稳，否则会因压力过大或压力过高使纸板破裂或纤维脱落，影响过滤质量。

硅藻土过滤机又可分为板框式硅藻土过滤机和水平圆盘式硅藻土过滤机。前者采用的过滤介质为织物，过滤中要填加助滤剂——硅藻土，一般用于粗滤。而后者用于精滤，过滤面水平向上，助滤剂预层易于敷设，不易脱落；可在过滤过程中陆续加入助滤剂，过滤持续的时间长；自动排渣、自动清洗、节约人力、节约时间；体积小、质量轻、移动灵活、使用方便。

膜过滤机的过滤介质是由高分子聚合物构成的，主要用于装瓶前的除菌过滤，只能过滤澄清的葡萄酒。

5.1.7　稳定性处理

为了保证葡萄酒的瓶内稳定性，除应加强在装瓶过程中的技术、卫生管理，保证酒瓶具有良好的封闭性外，还必须进行稳定性分析，并作相应的稳定性实验，根据实验结果进行相应的稳定处理后，再作稳定性试验，直至试验证明葡萄酒稳定后，才能装瓶。

葡萄酒的稳定并不是将葡萄酒固定在某一状态，阻止其变化、成熟，而是避免病害的发生，保持其颜色和澄清度的稳定性。而且只有稳定的葡萄酒，其感官质量才能正常地向良好的方向发展。

任务 5.2　白葡萄酒的酿造

酿造干白葡萄酒应选择色泽浅、含糖量高、质量好的优质葡萄作为生产原料。在葡萄入厂后，要尽快进行分选、破碎并立即压榨，使果汁与皮渣迅速分离，尽量减少皮渣中色素等物质的溶出。

优质干白葡萄酒有新鲜怡悦的葡萄果香（品种香），具有优美的酒香；香气和谐、细致，令人愉悦；酒的滋味完整和谐，清快、爽口、舒适、洁净，具有该品种干白葡萄酒独特的典型性。

为保证酿造干白葡萄酒的质量，葡萄汁含酸量要比一般葡萄汁高，同时要避免氧化酶的产生。因此,葡萄采摘时间比生产干红的葡萄早,葡萄的含糖量在20% ~21%时较为理想。在采摘、运输和储存过程中,认真严格管理,避免同其他品种的葡萄混杂,必须使用洁净的容器装运生产干酒的葡萄;运输过程中尽量减少和防止葡萄的破碎,运到葡萄汁生产厂后,不得存放,应立即加工。

5.2.1 干白葡萄酒酿造工艺

白葡萄酒的酿造既可用白葡萄来酿造,也可用红皮白肉的红葡萄来酿造。与红葡萄酒不同的是需将果汁与果皮分离后,低温处理后再发酵,并在装瓶前要进行稳定性处理。葡萄采摘后,经分选去梗后进行破碎压榨,将果汁与葡萄皮分离、澄清,然后经低温发酵、贮存、陈酿及后期加工处理,最终酿制成白葡萄酒。其工艺流程如图5.2所示。

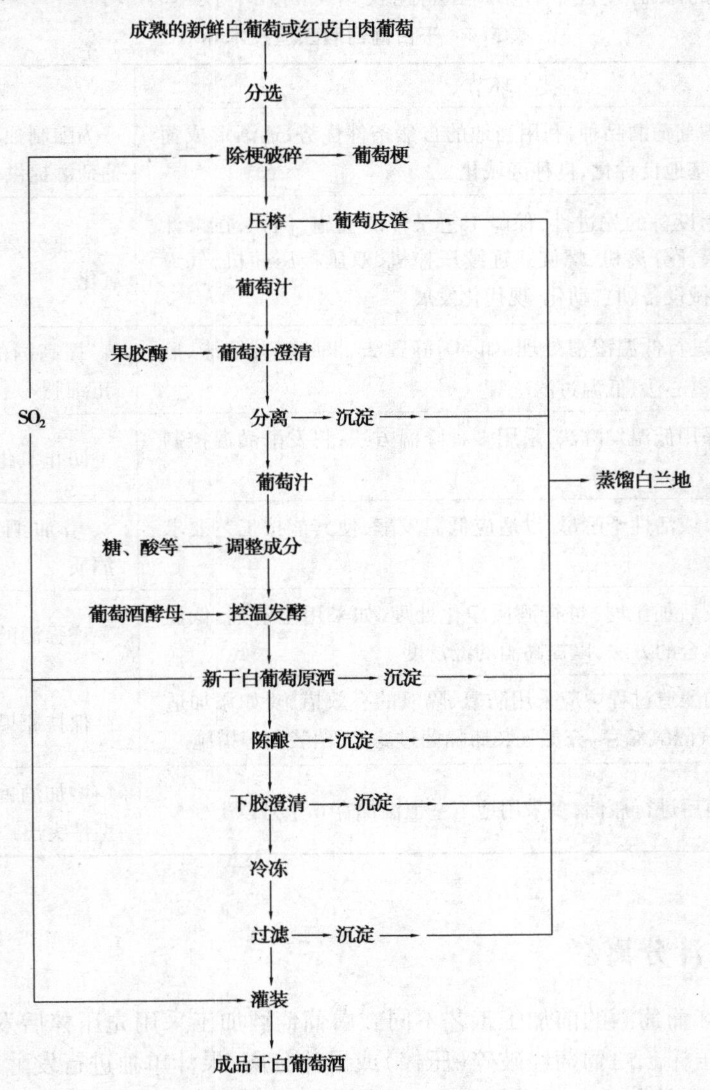

图5.2 干白葡萄酒工艺流程图

白葡萄酒按其含糖量的多少,可分为干白葡萄酒、半干白葡萄酒、半甜白葡萄酒和甜葡萄酒。表5.3为干白葡萄酒感官指标。

表5.3　干白葡萄酒感官指标

项　目	要　求
色泽	近似无色,微黄带绿、浅黄、禾秆黄、金黄色
香气	具有纯正、优雅、怡悦、和谐的果香和酒香
口味	具有幽雅、爽悦及新鲜、悦人的果香味与协调的口味
典型性	具有本类型酒的典型性

在白葡萄酒的酿制过程中,应严格把握表5.4的几个技术环节:

表5.4　干白葡萄酒酿造技术环节

技术环节	优　点
选用优良酿酒葡萄酒品种,利用当地的自然条件优势,逐渐形成葡萄原料基地化、基地良种化、良种区域化	为酿制独具风格的优质白葡萄酒提供基础
提高酿酒专用设备的先进性,保障工艺条件的实施,例如,在果汁分离方面应用果汁分离机、螺旋式连续压榨机、双压板压榨机、气囊式压榨机等,机械设备朝自动化、现代化发展	快速分离皮渣,防止果汁氧化
发酵前,果汁进行低温澄清处理,如SO_2静置法、果胶酶分解法、皂土澄清法、机械离心法、低温过滤法等	提高酒的质量,口味纯正细腻
发酵工艺中采用低温发酵法,采用多种降温方法,将发酵品温控制在16~18 ℃	防止氧化,保持果香
添加人工酵母或活性干酵母,以适应低温发酵,使其能按工艺要求正常进行	增加酒的芳香,提高酒质
在酒的陈酿或后加工时,进行酒质净化处理,如采用澄清剂、低温冷冻和过滤相结合的方法,以提高酒的澄清度	增强酒的稳定性
在白葡萄酒的酿造过程中应采用防氧、隔氧的有效措施,如添加适量的SO_2、充氮气隔氧储存、充氮气装瓶隔菌过滤、无菌装瓶等措施	保持原果香和新鲜感
白葡萄酒装瓶后进行瓶储,多采用地下室恒温储存6个月以上	增加酒香、酒体协调、典型性突出

5.2.2　果汁分离

白葡萄酒与红葡萄酒的前加工工艺不同。白葡萄酒加工采用先压榨后发酵,而红葡萄酒加工要先发酵后压榨。白葡萄经破碎(压榨)或果汁分离,果汁单独进行发酵。果汁分离是白葡萄酒的重要工艺,其分离方法有如下4种;螺旋式连续压榨机分离果汁、气囊式压榨机分离果汁、果汁分离机分离果汁、双压板(单压板)压榨机分离果汁。葡萄破碎后经淋汁取得自流汁,即从榨汁机里流出的第一批葡萄汁,味道最醇美,香气最纯正。再经压榨取得压榨汁,为了提高果汁质量,一般采用二次压榨分级取汁,取汁量见表5.5。自流汁和压榨汁质量不同,应分别存放,其不同作用也见表5.5。

表5.5 自流汁和压榨汁质量的作用

汁 别	按总出汁量100%	按压榨出汁率为75%	用 途
自流汁	60% ~70%	45% ~52%	酿制高级葡萄酒
一次榨汁	25% ~35%	18% ~26%	单独发酵或自流汁混合
二次榨汁	5% ~10%	4% ~7%	发酵后作调配用

5.2.3 果汁澄清

果汁澄清的目的是在发酵前将果汁中的杂质尽量减少到最低含量,以避免葡萄汁中的杂质因参与发酵而产生不良成分,给酒带来异杂味。为了获得洁净、澄清的葡萄汁,可采用下述方法。将破碎压榨所得的果汁澄清,使悬浮在其中的杂质沉淀。

1)SO_2处理与静置澄清

采用添加适量的SO_2来澄清葡萄汁,其方法操作简便、效果较好。在澄清过程中SO_2主要起3个作用,即可加速胶体凝聚,对非生物杂质起助沉作用;对葡萄皮上野生的酵母、细菌、霉菌等微生物起到抑制、杀菌作用;葡萄汁中游离SO_2的存在,可防止葡萄汁被氧化。

根据SO_2的最终用量和果汁总量,准确计算SO_2使用量。加入后搅拌均匀,然后静置16 ~24 h,待葡萄汁中的悬浮物全部下沉后,以虹吸法或从澄清罐高位阀门放出清汁。如果将葡萄汁温度降至15 ℃以下,不仅可加快沉降速度,而且澄清效果更佳。

2)果胶法

果胶酶可以软化果肉组织中的果胶质,使之分解成半乳糖醛酸和果胶酸,使葡萄汁的黏度下降,原来存在于葡萄汁中的固形物失去依托而沉降下来,以增强澄清效果,同时也加快过滤速度,提高出汁率。

果胶酶是一种复合酶,按其对果胶底物的作用可分为4类,即果胶聚半乳糖酸酶(澄清果汁是起主要作用的酶,可使果胶黏度下降)、聚甲基半乳糖酸酶、果胶甲酯水解酶(使果胶中的甲酯水解成果胶酸)、原果胶酶(使不溶性果胶变成可溶性果胶)。果胶酶的活力受温度、pH值、防腐剂的影响。澄清葡萄汁时,果胶酶只能在常温、常压下进行酶解作用。一般情况下,24h左右可使果汁澄清。若用温度低,酶解时间需延长。在使用前应做下实验,找出最佳效果的使用量,以指导大型生产。

使用果胶酶澄清葡萄汁可保持原果汁的芳香和滋味,降低果汁中总酚和总氮的含量,有利于酒的质量,并且可提高果汁的出汁率3%左右,提高过滤速度。

3)皂土澄清法

皂土,也称膨润土,是一种由天然黏土精制的胶体铝硅酸盐,以二氧化硅、三氧化二铝为主要成分的白色粉末,其溶解于水的胶体带负电荷。它具有很强的吸附能力,用来澄清葡萄汁可获得最佳效果。

皂土的使用量应根据事先实验确定。使用时以10~15倍水缓慢加入皂土中,浸润膨胀12 h以上,然后补加部分温水,搅拌成浆液后以4~5倍葡萄汁稀释。用酒泵循环1 h左右,使其充分与葡萄汁混合均匀。根据澄清情况及时分离。配合明胶使用,效果更佳。

白葡萄汁经皂土处理后,干浸出物含量和总氮含量均有减少,总氮含量的减少有利于避免蛋白质浑浊,干浸出物含量的减少可使葡萄汁变得更加纯净。皂土处理不能重复使用,否则有可能使酒体变得淡薄,降低酒的质量。

4)机械澄清法

利用离心机高速旋转产生巨大的离心力,使葡萄汁与杂质因密度不同而得到分离。离心力越大,澄清效果越好。它不仅使杂质得到分离,也能除去大部分野生酵母,为人工酵母的使用提供有利条件。离心前葡萄汁中加入果胶酶、皂土或硅藻土、活性炭等助滤剂,配合使用效果更加。

机械澄清法可在短时间内使果汁澄清,减少香气的损失;能除去大部分野生酵母,保证酒的正常发酵;自动化程度高,既可以提高质量,又可以降低劳动强度。

5.2.4 白葡萄酒的发酵

葡萄汁经澄清后,根据具体情况决定是否进行改良处理,之后再进行发酵。

1)初期发酵阶段

将葡萄汁送入发酵桶或池中,静置一段时间后,接入人工培育的优良酵母(或固体活性酵母),装上发酵栓,进行密闭发酵,即进入发酵初始阶段。酵母的选择除具有酿酒风味好这一重要条件外,还应能适应低温发酵、保持发酵平稳、有后劲,发酵彻底、不留较多的残糖、抗SO_2能力强,发酵结束后,酵母凝聚,并较快沉入发酵容器底部,使酒易澄清。

酵母菌在葡萄汁中的接种量一般为1%~4%,接种量的多少要根据葡萄酒酵母的发酵能力、繁殖速度、葡萄汁浓度、发酵温度和发酵时间等因素来确定。接种室应选用处于对数生长期的葡萄酒酵母,因为处于这个时期的葡萄酒酵母适应环境能力强,不易发生变异,稳定性好,接入后能很快开始繁殖。

这个阶段,由于葡萄汁中少量溶解氧的存在,酵母菌数量逐渐增加到最大量,氧气耗尽后,酵母菌的发酵速度逐渐加快,产生越来越多的CO_2。液面开始处于静止状态,随发酵速度的加快会不断冒出洁白的气泡,随着发酵的进行,颜色逐渐加深、数量不断增多。

2)发酵旺盛期

进入发酵旺盛期后,葡萄酒酵母在无氧条件下,迅速将葡萄汁中的糖转化为酒精,同时产生大量的CO_2。CO_2不断由发酵液内涌向液面,在葡萄汁的表面形成细腻的乳白色气泡。随着发酵的继续进行,CO_2把部分酵母和沉淀物带到发酵液的表面,发酵液表面的颜色逐渐加深。

发酵产生的CO_2必须及时排除,否则会由于CO_2反馈抑制作用,使发酵速度减慢。在气温较低的小型葡萄酒厂,可采用自然通风的办法将CO_2由酒窖的底部排除;在气温高的地区,采用自然通风会把热空气带入酒窖,使室温上升,发酵温度升高,影响发酵醪的质量,此时可采用白天使用空调控制温度和夜间自然排气相结合的办法。

葡萄酒的发酵通常采用控温发酵,发酵温度一般控制在16~22 ℃为宜,最佳温度为18~

22 ℃,发酵旺盛期一般为15 d左右。发酵温度对白葡萄酒的质量有很大影响,低温发酵有利于保持葡萄中原有果香的发挥性化合物和芳香物。如果超过工艺规定范围,会造成以下主要危害:易于氧化,减少原葡萄品种的果香;低沸点芳香物质易于挥发,减少酒的香气;酵母菌活力减弱,易感染杂菌或造成细菌性病害。因此,控制发酵温度是白葡萄酒发酵管理的一项重要工作。为达到此目的,发酵容器常附带冷却装置。

在葡萄酒发酵旺盛期,由于酵母菌发酵作用处于最强阶段,发酵速度快,因此会产生大量热量,很容易使发酵温度升高,影响正常发酵。因此,在这个阶段要特别注意控制发酵温度。除了在气温较低的地区,采用自然通风;在气温高的地区,采用空调控制温度和自然通风相结合的办法排出发酵室的热量外,还可在发酵室保持适当的CO_2浓度,由于CO_2的抑制作用,也可维持正常发酵,避免发酵温度过高。表5.6为发酵旺盛期结束后白葡萄酒外观和理化指标。

表5.6 发酵旺盛期结束后白葡萄酒外观和理化指标

指 标	要 求
外观	发酵液面只有少量CO_2气泡,液面较平静,发酵温度接近室温。酒体呈浅黄色、浅黄带绿或乳白色。有悬浮的酵母混浊,有明显的果实香、酒香、CO_2气味和酵母味。品尝有刺舌感,酒质纯正
理化	酒 精:9%~11%(体积分数)(或达到指定的酒精度) 残 糖:5 g/L以下 相对密度:1.01~1.02 挥 发 酸:0.4 g/L以下(以醋酸计) 总 酸:自然含量

3)发酵后期

发酵旺盛期结束后残糖降低至5 g/L以下,即可转入发酵后期。发酵后期温度一般控制在15 ℃以下。在缓慢的后发酵中,酒精浓度依然在不断增加,但生成酒精的速度与发酵速度呈线性降低趋势,酵母死细胞明显增多。这段时间是形成葡萄酒各种风味物质的重要时期,由于生成了较多的副产物,葡萄酒香和味的形成更为完善,残糖继续下降至2 g/L以下。

5.2.5 白葡萄酒的防氧处理

白葡萄酒中含有一些酚类化合物,如花色素苷、单宁、芳香物质等,这些物质有较强的嗜氧性,在与空气接触过程中易被氧化生成棕色聚合物,使白葡萄酒的颜色变深,酒的新鲜果香味降低,甚至造成酒的氧化味,从而影响葡萄酒的质量和外观的不良变化。因此,白葡萄酒中的防氧化处理极为重要。白葡萄酒氧化现象存在于生产过程的每一个工序,如何掌握和控制氧化是十分重要的。形成氧化现象需要3个因素:有可以氧化的物质如颜色、芳香物质等;与氧接触;氧化催化剂如氧化酶、铁、铜等的存在。凡能控制这些因素的都是防氧化行之有效的方法,目前国内在白葡萄酒生产中采用的防氧措施见表5.7。

表 5.7　白葡萄酒生产中采用的防氧措施

防氧措施	内　容
选择最佳采收期	选择最佳葡萄成熟期进行采收,防止过熟霉变
原料低温处理	葡萄原料先进性低温处理(10 ℃以下),然后再压榨分离果汁
快速分离	快速压榨分离果汁,减少果汁与空气接触时间
低温澄清处理	将果汁进行低温处理(5~10 ℃),加 SO_2,进行低温澄清或采用离心澄清
控稳发酵	果汁转入发酵罐内,将品温控制在 16~20 ℃,进行低温发酵
皂土澄清	应用皂土澄清果汁(或原酒),减少氧化物质和氧化酶的活性
避免与金属接触	凡与酒(汁)接触的铁、铜等金属器具均需有防腐蚀涂料
添加 SO_2	在酿造白葡萄酒的全部过程中,适量添加 CO_2
充加惰性气体	在发酵前后,应充加氮气或 CO_2 气体密封容器
添加抗氧剂	白葡萄酒装瓶前,添加适量的抗氧化剂如 CO_2、维生素 C 等

任务 5.3　浓甜葡萄酒的生产

浓甜葡萄酒是一种营养价值高、口味颇佳的含酒精饮料。其酒色一般呈麦秆黄色、淡红色、红宝石色等葡萄本色,不应呈棕褐色;酒液澄清、透明、晶亮,不应出现浑浊和沉淀;有怡悦的果色及优美的酒香,香气浓郁,协调无异味;酒体丰满,绵甜醇厚,回味无穷。酒中不仅含有大量未发酵的糖分,酒精含量比干酒高,一般在 15%~20%。

酿制浓甜葡萄酒要求葡萄的含糖量高,国外要求用含糖最低在 24%以上,酸度一般不超过 8 g/L 的葡萄作为原料;国内葡萄含糖量一般达不到要求,多采用发酵前或中间加糖的方法补充糖分。浓甜葡萄酒的生产工艺如下:

葡萄完全成熟或过度成熟→采摘→分选→破碎→去梗→分离皮渣→葡萄汁→调整成分→加入 SO_2→接入酵母→主发酵→下酒→后发酵→分离沉淀→陈酿→调配→检验→包装成品。

5.3.1　发酵留糖法

1)提高葡萄汁含糖量的方法

所谓发酵留糖法,即是在葡萄汁发酵过程中不外加糖分而保留葡萄汁中较高糖分的办法。其具体操作方法有:

①葡萄在树上萎缩或者先采摘随后使其风干;

②葡萄采摘后加工成葡萄汁,然后将葡萄汁浓缩,除去葡萄汁中的一部分水分,使葡萄汁浓度增加。

由于生产浓甜葡萄酒仅仅依靠葡萄中的糖分是很难达到工艺要求的糖度和酒精度的，因此，在生产中往往采用在发酵液中加入酒精，使葡萄中糖分保留下来的方法生产浓甜葡萄酒。

发酵留糖法生产浓甜葡萄酒保留了葡萄中的原糖，发酵度低，葡萄的香味物质损失少，葡萄酒原果香浓，酒体丰满。当外加酒精纯度高、无异味时，成品酒果香浓郁，典型性突出，质量高。如酒精纯度低，带有杂味或霉味时，这些异味就会带入成品酒中，使葡萄酒本身的香气和滋味被掩盖，不良风味凸显出来，失去了该品种酒的典型性和特有香气。

2）麝香浓甜葡萄酒生产工艺

麝香浓甜葡萄酒是浓甜葡萄酒中原果香浓郁、甘醇甜美、酒体丰满、风格突出的一类酒。其生产过程如下：

麝香葡萄→完全成熟→采摘→分选→破碎→去梗→入池→加入 SO_2→接种→主发酵→分离皮渣→后发酵→加酒精→澄清→换桶→水泥池陈酿一年→木桶陈酿→包装→成品。

（1）主发酵阶段

选无虫蛀、无病害、酸度低（2.5～3.0 g/L）、糖分在24%以上、完全成熟的麝香葡萄，经分选、破碎、去梗后送入发酵池。在发酵池中加入0.1～0.15 g/L的 SO_2，在低于28 ℃的条件下进行发酵，发酵期间捣池2～3次，以促进果皮色素和香味成分的浸出。主发酵结束后，分离皮渣并压榨，压榨后的皮渣送去蒸馏；馏出的酒和榨出的酒混合后，转入后发酵罐中发酵。一般主发酵结束后，发酵醪的相对密度控制在1.065左右。

（2）后发酵与添加酒精

混合汁转入后发酵罐中，葡萄酒发酵进入后发酵过程。生产麝香浓甜葡萄酒需要酒中有较高的糖分，当糖分接近需要的残糖浓度时，立即加酒精，终止葡萄糖的发酵。国外麝香浓甜葡萄酒一般含酒精在16%～17%，酒精含量较高；我国麝香浓甜葡萄酒的酒精含量为14%～16%，糖分一般为14%～15%。

添加酒精前，随时测定后发酵醪的糖分和酒精含量，在接近所需糖分时将酒精一次或分两次加入酒中，补足酒精，使发酵终止，保留足够糖分。

添加酒精后，发酵立即停止，在发酵池中静置10～15 d，使酒中残存的酵母、少量的皮渣和其他沉淀物都逐渐沉淀下来，酒液逐渐澄清，换桶除去酒醪。清酒送入水泥池中陈酿1年后，转入小型木桶继续陈酿。高档浓甜葡萄酒通常要贮存2年以上，才能装瓶出售。

5.3.2 干葡萄酒加糖法

浓甜葡萄酒也可使用葡萄酒中加入砂糖的方法来生产。为了提高葡萄酒的酒精浓度，可调配85%以上的原白兰地酒或精制酒精。调整糖度时，可使用浓缩葡萄汁或精制砂糖，砂糖以甜菜砂糖最好。

1）干葡萄酒加糖法工艺流程

干葡萄酒加糖法工艺流程如图5.3所示。

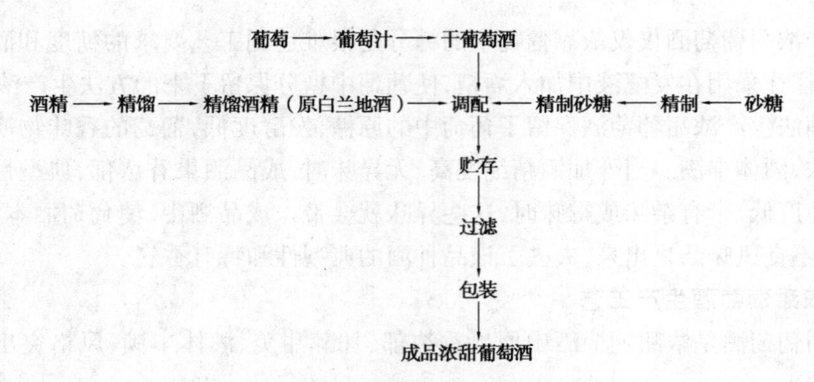

图 5.3　干葡萄酒加糖法生产工艺流程图

2）原酒选择

调配浓甜葡萄酒应选用合适的干葡萄酒，主要考虑以下 3 个方面：

①干酒质量与所生产的浓甜酒质量相适应，即生产的甜酒质量高，选用干酒的质量也高。生产普通浓甜葡萄酒可使用质量低的普通干酒或白兰地酒以及精馏酒精。

②浓甜葡萄酒的香气主要来源于干葡萄酒。因此，生产果香味浓的浓甜酒对于葡萄酒的原果香味要求高。生产直接饮用或作为配制餐前酒的原料的低度浓甜酒，则可使用白兰地酒或精馏酒精。

③生产色浓的浓甜葡萄酒需选用色深的干酒，生产色浅的浓甜葡萄酒宜选用色浅的干酒。

3）加糖量与酒精量计算

【例 5.1】某厂生产一批浓甜葡萄酒，指标如下：

调配 1 000 L 成品酒，成品标准主要成分：糖 13%，酒精 14%，酸 0.65 mg/100 mL；原料成分如下：精制白砂糖含糖量 100%，原酒酒精 12%，总酸 0.6 mg/100 mL，精馏酒精 95。计算各种原料的用量。

解：

砂糖用量 = $1\,000\times13 = 130$ kg

砂糖体积 = $130\times0.625 = 81.25$ L（1 kg 精制砂糖溶入液体内占有 0.625 L 体积）

原酒与酒精用量：

设 x 为使用原酒体积；y 为使用酒精体积

则有 $x+y+81.25=1\,000$　　　（体积平衡）

$12x+95y=1\,000\times14$　　　（酒精平衡）

解方程组得：

$x=883$（L） $y=36$（L）

设 z 为加入酸的质量，则

$z+883\times0.6\times10=1\,000\times0.65\times10$

则 $z=1202$（g）。

4）调配方法

干葡萄酒加糖法调配浓甜葡萄酒主要有 4 个过程：测定原酒、酒精、砂糖等主要成分含量;计算加糖与原酒量;氨基酸结果把糖和调配用酒精等加入原酒中;进行一段时间的贮酒。

在调配工作开始前,按规定的分析方法对原酒进行测定,获取原酒酸度、酒精浓度、糖度等重要参数。选用购买的酒精,根据计算和查阅资料,按照加糖量计算方法计算出糖、酒精以及酸的准确用量。根据计算结果称出需要的糖量、酸量,加入原酒中搅拌,使之充分溶解。在加入酒精时,为了保证酒精能够分布均匀,最好用橡皮管把酒精送到桶底,并适当加以搅拌,这样密度小的酒精便能很快在酒中扩散均匀,使酒度一致。

刚刚调配好的酒,往往由于组分间没有很好融合,风味不太协调,应在桶中贮存半年左右,以使酒体醇厚,风味协调,刺激性减小,酒质明显提高。

任务5.4 桃红葡萄酒的酿造

桃红葡萄酒的色泽和风味介于红葡萄酒和白葡萄酒之间,颜色为淡红、橘红、桃红、砖红等。桃红葡萄酒大多为干型、半干型、半甜型葡萄酒,其生产工艺不同于红葡萄酒和白葡萄酒。桃红葡萄酒的特征见表5.8。

表5.8 桃红葡萄酒的特征

与红葡萄酒的相似之处	与白葡萄酒的相似之处
可利用皮红肉白的生产红葡萄酒的品种	可利用浅色葡萄生产
有限时间内的浸提	采取果汁分离、低温发酵
酒色呈淡红色	要求有新鲜怡人的果香
诱导苹果酸-乳酸发酵	保持适量的苹果酸

目前,桃红葡萄酒生产方法有4种:桃红色葡萄带皮发酵、红葡萄和白葡萄混合发酵、冷浸法生产、CO_2浸出法。

5.4.1 淡色葡萄带皮发酵

淡色葡萄带皮发酵的工艺适用于浅色葡萄,其工艺流程如图5.4所示。

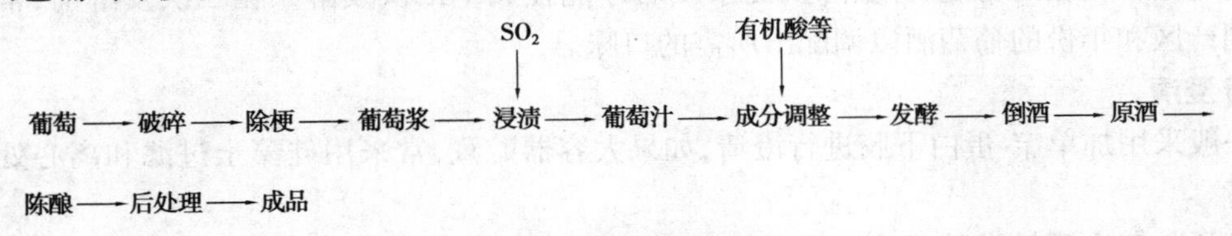

图5.4 淡色葡萄带皮发酵工艺流程图

5.4.2 红、白葡萄混合去皮发酵

将红、白葡萄按照一定比例混合后,去皮发酵桃红葡萄酒。一般红、白葡萄比例为1∶3。其工艺流程如图5.5所示。

红葡萄25%↓ → 破碎；SO_2↓ → 葡萄浆；有机酸等↓ → 成分调整

白葡萄75% → 破碎 → 除梗 → 葡萄浆 → 浸渍 → 汁渣分离 → 葡萄汁 → 成分调整 →

发酵 → 原酒 → 陈酿 → 后处理 → 成品

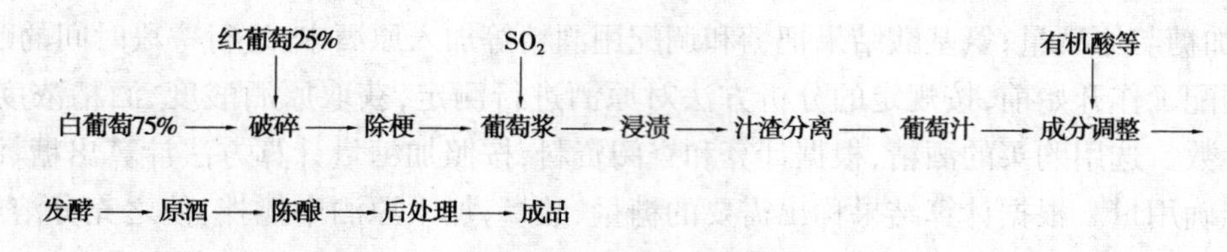

图5.5　红、白葡萄混合去皮发酵工艺流程图

5.4.3　直接调配法

直接调配法是在分别酿制出白葡萄原酒和红葡萄原酒后，再按一定比例进行调配。其中白、红葡萄原酒的比例一般为1∶1.3左右，其工艺流程如图5.6所示。

白葡萄 → 破碎除梗 → 压榨 → 葡萄汁 → 成分调整 → 发酵 → 原酒 ↓

红葡萄 → 破碎除梗 → 葡萄浆 → 成分调整 → 发酵 → 原酒 → 调配 → 陈酿 → 后处理 → 成品

图5.6　直接调配法生产桃红葡萄酒工艺流程图

任务5.5　其他葡萄酒生产技术

5.5.1　起泡酒的酿造

1）榨汁

为了避免葡萄汁氧化及释出红葡萄的颜色，起泡酒通常都是直接使用完整的葡萄串榨汁，压力必须非常的轻柔。

2）发酵

与白酒的发酵一样，需低温缓慢进行。

3）培养

需先进行酒质的稳定，并去除沉淀杂质后才能在瓶中二次发酵。在二次发酵前，常会混合不同产区和年份的葡萄酒以调配出所需的口味。

4）澄清

一般采用加单宁-蛋白下胶进行澄清，如果大容器贮藏，常采用硅藻土过滤和离心处理进行澄清。

5）添加二次酒精发酵溶液

起泡酒的原理即在酿好的酒中加入糖和酵母在封闭的容器中进行第二次酒精发酵，发酵过程产生的CO_2在瓶中成为气泡。

6）二次发酵

（1）瓶中二次发酵及培养

此种方法称为香槟区制造法，为避免和真正的香槟酒混淆，现已改成传统制造法。添加

糖和酵母的葡萄酒装入瓶中后即开始二次发酵，发酵温度必须很低，气泡和酒香才会细致，约维持在10 ℃最佳。发酵结束后，死掉的酵母会沉到瓶底，然后进行数月或数年的瓶中培养。

(2)酒糟中二次发酵法

传统瓶中二次发酵的生产成本很高，价格较低廉的气泡酒只好在封闭的酒槽中进行二次发酵。将CO_2保留在槽中，去除沉淀后即可装瓶，比传统制造法经济但品质不如瓶中发酵细致。

7)摇瓶

(1)人工摇瓶

瓶中发酵后沉淀于瓶底的死酵母等杂质必须从瓶中除去。香槟区的传统是由摇瓶工人每日旋转(1/8圈)且抬高倒插于人字形架上的瓶子。约三星期后，所有的沉积物会完全堆积到瓶口，此时即可开瓶去除酒渣。

(2)机器摇瓶

为了加速摇瓶过程及减少费用，已有多种摇瓶机器可以代替人工，进行摇瓶的工作。

8)开瓶去除酒渣

为了从瓶口除去沉淀物而不影响气泡，动作必须非常熟练。较现代的方法是将瓶口插入-30 ℃的盐水中让瓶口的酒渣结成冰块，然后再开瓶利用瓶中的压力把冰块推出瓶外。

9)补充和加糖

去酒渣的过程会损失一小部分的气泡酒，必须再补充，同时还要依不同甜度的气泡酒加入不同分量的糖。

10)装瓶

以上酿造过程结束后，即可装瓶制成成品。

5.5.2 白兰地的酿造

白兰地的酿造工艺流程，如图5.7所示。

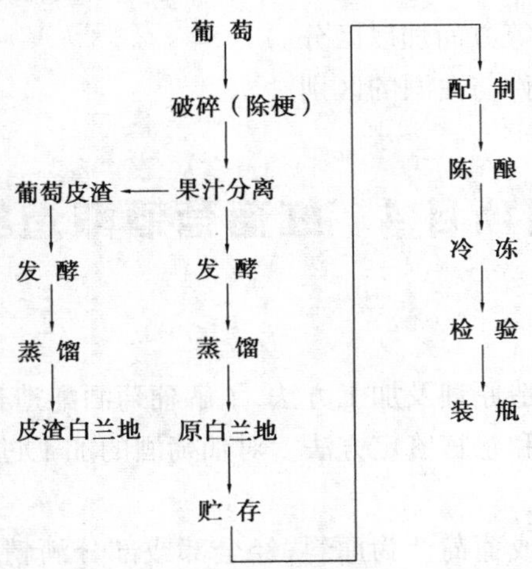

图5.7 白兰地的酿造工艺流程图

白兰地是葡萄酒的蒸馏酒。用来蒸馏白兰地的葡萄酒称为白兰地原料葡萄酒，简称白兰地原酒，由白兰地原酒蒸馏得到的葡萄酒精称原白兰地。白兰地原酒的生产工艺与传统生产白葡萄酒相似，但原酒加工过程中禁止使用SO_2。

白兰地酒中的芳香物质主要通过蒸馏获得，要求在含酒精60%～70%的范围内，保持适当量的挥发性物质，以保证白兰地固有的芳香。

虽然近代蒸馏技术发展较快，但典型的白兰地蒸馏仍停留在壶式蒸馏器上。为了使白兰地有一股特殊的香味，燃料大都使用木炭而不是煤炭。壶式蒸馏器属于两次蒸馏设备，即白兰地原料酒用这种蒸馏器经两次蒸馏才能得到质量好的白兰地。之后需要在橡木桶中经过多年的贮存陈酿才能达到成熟完美的程度。原白兰地在贮存前是无色的，在贮存过程中，橡木桶中的单宁、色素等物质溶入其中，白兰地的颜色逐渐变为金黄色。由于贮存时空气渗过木桶的板进入酒中，发生一系列缓慢的氧化作用，致使酸和酯的含量增加，产生强烈的清香。贮存时间长，会产生蒸发作用，导致白兰地酒精含量降低，体积减小，为了防止酒精含量降到40%以下，可在贮存开始时适当提高酒精含量。

贮存温度高(25～30 ℃)，第二年就可变成金黄色，贮存温度低(8～10 ℃)，颜色变化非常慢。一般为15～25 ℃，相对湿度为75%～85%，时间可从几年长至几十年。

经过贮存后的白兰地需经调配，再经过橡木桶短时间的贮存，再经调配方可出厂。

由此可见，白兰地的酿制是复杂且成本极高的。因此，市面上见到的几十元甚至十多元人民币的白兰地是很普通的白兰地，真正优质的白兰地价格非常高昂。

其他类型酒(如贵腐酒、冰酒等)，最大的不同在于原料的特殊性——糖分高，培育过程艰辛，其酿造过程基本与白葡萄酒相似。而加香加强酒，如味美思、波特酒、雪利酒等，主要是在发酵或橡木桶培过程中添加适当的香料、糖或酒精等，风味独特。其中味美思中常用的香料品种有：苦艾、龙胆草、白芷、紫苑、勿忘草、肉桂、豆蔻、橙皮、矢车菊、丁香、当归等，配方可根据地方习惯、民族特点、不同场合等自行设计。

【自测题】>>>

1. 简述“干红”与“干白”的主要区别。(主要从葡萄酒的酿造工艺上、颜色上、营养价值上、饮时温度上、鉴赏方法上等方面加以区分。)

2. 简述葡萄酒的发酵条件与白酒的区别。

实训项目4　红葡萄酒酿造实验

1) 实验目的

学习和掌握葡萄酒的酿造原理及加工方法，了解葡萄酒酿造过程中的物质变化和工艺条件。学习葡萄酒的理化分析和感官鉴定方法。对葡萄酒的加工过程和产品增加感性认识。

2) 实验原理

葡萄酒是用新鲜的葡萄或葡萄汁为原料，经全部或部分酒精发酵酿造而成的，含有一定酒精度的发酵酒，酒精度最低≥7.0%(20 ℃，V/V%)。

葡萄酒酿造时，利用葡萄酒酵母将新鲜葡萄汁中的葡萄糖、果糖等可发酵性糖转化生成酒精和CO_2，同时生成高级醇、脂肪酸、挥发酸、酯类等副产物。并将原料葡萄汁中的色素、单宁、有机酸、果香物质、无机盐等所有与葡萄酒质量有关的成分都带入发酵的原酒中，再经过陈酿和澄清等后处理，使酒质达到清澈透明、色泽美观、滋味醇和、芳香悦人的葡萄酒产品。

本实验重点介绍干型葡萄酒的酿造工艺。按照《葡萄酒》(GB 15037—2006)(以下简称“新国标”)的规定，干型葡萄酒是指含糖(以葡萄糖计)小于或等于4.0 g/L的葡萄酒。或者当总糖与总酸(以酒石酸计)的差值小于或等于2.0 g/L时，含糖最高为9.0 g/L的葡萄酒。若要获得其他类型的葡萄酒，如半干葡萄酒、半甜葡萄酒或甜葡萄酒时，可在干型葡萄酒的基础上，进行后加工处理制得。

3)实验仪器设备和原材料

(1)实验仪器和设备

台秤、葡萄破碎机、发酵瓶、碱式滴定管、手持糖度计、酒精蒸馏装置、酒精表、葡萄压榨机或过滤白布袋、不锈钢或塑料盆、1 mL和2 mL吸管、250 mL锥形瓶、500 mL量筒、橡胶管等。

(2)实验原料和试剂

新鲜葡萄：

酿造干白葡萄酒的葡萄品种有：玫瑰香、贵人香、龙眼、霞多丽、白羽、白玉霓、白诗南、巨峰等皮红肉白葡萄或皮红肉绿葡萄的果汁发酵。

酿造干红葡萄酒的葡萄品种有：蛇龙珠、赤霞珠、品丽珠、梅鹿辄、黑比诺、佳丽酿、巨峰等皮红肉白或皮红肉红的葡萄果浆发酵。

活性干酵母、活性乳酸菌、果胶酶、偏重亚硫酸钾或亚硫酸溶液、白砂糖、酒石酸、明胶、单宁、皂土、0.1 mol/L NaOH标准溶液、1/3浓度硫酸、4 g/L碘液、石蕊试剂或酚酞试剂、2%可溶性淀粉溶液、2%亚硫酸溶液、酒精等。

4)葡萄酒制备工艺流程

葡萄酒配制工艺流程包括干白葡萄酒酿造工艺流程和干红葡萄酒酿造工艺流程。

5)实验步骤

(1)酿制干白葡萄酒的实验步骤

①器皿准备：葡萄破碎之前，先将葡萄破碎机及用具清洗干净，各种容器，如发酵及储酒容器等用75%的酒精溶液冲洗消毒。注意所有与葡萄汁或葡萄酒接触的设备或器具可用塑料、玻璃、木制品或不锈钢制成，不得用铁、铜制作。

②分选：挑选健全完好的葡萄果粒，除去生、青和腐败霉烂葡萄粒。

③葡萄破碎与压榨：葡萄去梗后采用破碎机破碎，所得醪液放入已消毒的葡萄压榨机或白布袋中，用手挤压榨制取葡萄汁。

④加SO_2并澄清：在压榨获得的葡萄汁中加入SO_2一般用量为80~100 mg/L(偏重亚硫酸钾的SO_2理论含量为57%，但使用时按50%计算)。之后，于室温下静止24 h。待葡萄汁液澄清后，采用虹吸法分离沉淀物，取得澄清葡萄汁。

⑤果胶酶澄清：果胶酶的添加量通过自行设计的实验确定，可采用梯度添加法，一般添加量为0.02~0.05 g/L，计量的果胶酶用10倍的水溶解后加入。控温15 ℃，澄清8~12 h，分离后的清汁装入发酵瓶。果胶酶澄清步骤可以和SO_2处理结合进行。

⑥葡萄汁调整成分：检测葡萄汁的糖度和酸度，如果果汁中含酸和糖不足，需要补加蔗糖和酒石酸，补加量按公式计算。计算依据为干白葡萄酒发酵酒精度12°~13°，每17 g糖产生1°酒。

⑦活性干酵母复水活化:用10倍的水和葡萄汁混合液按1:1比例溶解酵母,保持温度在38~40 ℃。搅拌均匀后静止20 min,再加入10倍的果浆,搅拌均匀,静止20 min后加入发酵瓶。酵母添加量为0.1~0.2 g/L。

⑧发酵:将果胶酶和SO_2澄清并调整成分后的葡萄汁加入洁净的发酵瓶中,充满系数为80%,以防止发酵时产生泡沫溢出而造成损失。瓶口上安有带发酵栓的橡皮塞,便于排除发酵时产生的CO_2,同时防止外部杂菌进入发酵瓶。接入活化后的酵母进行发酵。起始发酵温度为22 ℃,进入发酵中期后控制温度为18 ℃,发酵结束时为15 ℃以下。发酵过程中每天测定发酵温度和残糖,测量前应把温度计用70%酒精擦洗,取样管经干热灭菌,防止染菌。取样和测温均应在发酵液液位中部,填写记录并作好发酵曲线图。当发酵液残糖≤4 g/L时,发酵结束。若葡萄汁的糖含量不足,经计算需要加入的蔗糖要在发酵旺盛时分次添加。

⑨封瓶:主发酵基本结束后,加入SO_2 40~50 mg/L,封闭发酵栓进行静置,发酵7~10 d后分离酒脚。具体操作为:把乳胶管浸入酒液中,用虹吸法吸取澄清酒液,移入另一个干净、经消毒、无异味的大试剂瓶中,注意勿搅动酒脚。

⑩储存:澄清后的白葡萄酒原酒经品尝、鉴定后,加满封瓶进行储存,该酒进入陈酿阶段。约半年后进行调配和稳定性处理。

⑪下胶、澄清、过滤:下胶材料使用皂土,需用小型实验确定皂土的用量(一般情况下,红葡萄酒用量为0.3~0.4 g/L,白葡萄酒用量为0.3~0.8 g/L)。按酒体积计算出皂土的用量,将皂土溶于10~15倍的冷水中,在溶解过程中不断搅拌,完全溶解后,停止搅拌静置过夜。第二天使用前再搅拌15 min即可使用,将皂土浆徐徐地加入酒中,边加边摇晃酒液,使之充分混合后,静置7~10 d,待酒澄清后用虹吸分离沉淀物,并采用滤纸加过滤棉或白色丝绒布袋过滤;也可用新鲜的鸡蛋清作为下胶材料,用量需经过小实验确定。

⑫原酒理化指标检测、品尝鉴定:酿成的原酒清澈透明,具有新鲜果香,滋味润口,酒体协调。其理化指标为:酒精度12%~13%(V/V),还原糖≤4 g/L,总酸6.5~7.5 g/L,游离SO_2 30~40 mg/L,总SO_2≤150 mg/L,热稳定性试验合格。

(2)酿制干红葡萄酒的实验步骤

干红葡萄酒的酿造工艺与干白葡萄酒的酿造工艺相似。主要区别在于:葡萄破碎后不压榨,将皮肉与汁混合发酵(即带皮发酵),以浸提果皮中的色素;酿造过程中需增加苹果酸-乳酸发酵,以降低葡萄酒的酸度。不同的操作如下:

①浸渍、酒精发酵:接种酵母时一定要使酵母液均匀分布在葡萄浆中。每静止12~24 h后需用干净的玻璃棒搅拌2~3次,酵母加量同白葡萄酒。注意发酵瓶的密闭、保压。发酵温度控制在25~30 ℃,使葡萄皮上的色素充分溶出。每天测量发酵温度和残糖(相对密度),绘制发酵曲线,并特别注意色度的变化。

②压榨分离皮渣:主发酵接受后,先用虹吸法将果汁分离,然后将葡萄皮渣装入葡萄压榨机或白色布袋中用手或木棒挤压榨取汁液,分别得到自流酒和压榨酒。将两者分别或合并到经洗净并消毒的储酒容器中进行后发酵,但不得超过容量的95%,测定其总酸。如果发酵前葡萄浆的糖度不够,可在此时加入经过计算的糖量,在后发酵过程中转化成酒。压榨后的皮渣可蒸馏制取白兰地。

③苹果酸-乳酸发酵:酒精发酵并经分离后的自流酒和压榨酒温度保持在(23±1)℃,以便诱

发苹果酸-乳酸发酵或直接加入乳酸菌。乳酸菌的用量是 1～2 mg/L。苹果酸发酵的条件为:苹果酸发酵的最佳温度是 25 ℃;在酒液中 SO_2 的含量越低越好,总 SO_2 含量≤40 mg/L;最佳 pH 值为 3.3～3.4;最佳酒精度为 12%～14%(体积分数)。当总酸大约下降 1/3 后停止发酵。

④红葡萄酒原酒品尝鉴定:经发酵后的干红葡萄酒原酒应具有酒香和果香、酒体丰满、醇厚、单宁感强等特点。其理化指标为:酒精度 11%～12%(V/V),还原糖≤4.0 g/L,总酸 6.0～6.5 g/L,游离 SO_2 25～35 mg/L,总 SO_2≤200 mg/L,挥发酸≤0.8 g/L,热稳定性试验合格。

6)检测方法

①可溶性固形物:手持糖度计法。

②糖度测定:采用菲林滴定法。

③酸度测定:0.1 mol/L NaOH 标准溶液滴定。当酒体颜色浅时用酚酞试剂,当酒体颜色较深时选用石蕊试剂。

④酒精含量测定:(发酵结束检测酒精度)用量筒量取 100 mL 除气葡萄酒和 50 mL 蒸馏水一起放入 500 mL 烧瓶中,装上蒸馏装置,冷凝器下端用 100 mL 容量瓶接收蒸馏液(若室温较高,为防止酒精蒸发,可将容量瓶浸于冷水中)。当蒸馏液接近 100 mL 时,停止蒸馏,加水定容至 100 mL,摇匀。用酒精表测量酒精度。

⑤游离 SO_2、总 SO_2 测定。

a. 总 SO_2 测定:取酒样 25 mL,加入 250 mL 碘量瓶中,加入 10 mL 水稀释,再加入 1 mol/L NaOH 10 mL,加塞,摇匀,反应 10 min,添加 1/3 浓度的硫酸 3～5 mL,2～3 滴 2% 淀粉指示剂,立即用 4 g/L(此浓度的碘液 1 mL 相当于 SO_2 1 mL)的碘液滴定。

b. 游离 SO_2 测定:在反应瓶中加入 25 mL 酒样,加入 20 mL 水稀释,添加 1/3 浓度的硫酸 3～5 mL,2～3 滴 2% 淀粉指示剂,立即用 4 g/L 的碘液滴定。

⑥热稳定性实验:取 200 mL 酒样,升温到 55 ℃,恒温 3 d,无混浊或絮状沉淀为合格。

7)计算公式

(1)补加糖量的计算

$$\rho_m=\frac{V\times 1\,000(\omega\times 1.7-\omega_b)}{1\,000-\omega\times 1.7\times 0.625}$$

式中 ρ_m——加糖量,g/L;

V——葡萄汁体积,L;

ω——需要达到的酒精含量,V/V%;

ω_b——葡萄汁的含糖量,%;

0.625——1 g 糖溶解后的体积,mL;

1.7——产生 1 mL 酒精所需糖量。

(2)补加酸量计算

$$W=(A-B)\times V$$

式中 W——加酒石酸的量,g;

A——需要达到的酸度,g/L;

B——葡萄汁的酸度,g/L;

V——葡萄汁的体积,L。

8)实验报告要求

①记录实验过程中的现象和原始数据,作出发酵曲线图(包括发酵温度变化曲线、降糖曲线、CO_2产生曲线等)。

②理解并写出本实验的目的和原理。

③写出所酿造酒的重要步骤并说明。

④选择本组和另外一组以上的实验数据进行实验结果的对比分析和讨论。

9)设计实验内容

本实验为设计性实验,学生可根据查阅资料和个人兴趣设计实验过程中某一步骤进行研究。提供参考内容如下:

①SO_2添加量对葡萄酒质量的影响。

②果胶酶品种和用量对葡萄汁澄清及对葡萄酒酿造的影响。

③发酵温度对葡萄酒质量的影响。

④不同酵母菌种对葡萄酒风味的影响。

⑤苹果酸-乳酸发酵的启动和控制研究。

⑥橡木桶或橡木制品对贮存葡萄酒质量的影响。

项目6

葡萄酒的后处理技术

【学习目标】

1. 掌握葡萄酒储藏的基本要求。
2. 掌握葡萄酒澄清与防治技术。
3. 掌握葡萄酒的病害与防治技术。
4. 掌握葡萄酒的包装技术。

任务 6.1　葡萄酒的贮存

6.1.1　储藏罐储藏要求

葡萄酒储藏罐储藏要求如下：

①储藏罐要求无毒、无味、小口有塞玻璃或塑料的，体积以葡萄酒倒入后满口为佳，以避免剩余空间里的氧气氧化葡萄酒。

②对储藏罐进行消毒。对后发酵的葡萄酒进行倒灌，一般用虹吸法吸取澄清的酒。

③储藏温度最好保持在 20 ℃左右，忌温度频繁变动。

④如果在储藏期发现罐底还有较多的酒泥沉淀，可进行倒罐，抛弃沉淀物。

⑤发酵刚结束的葡萄酒，酒体粗糙，酸涩，饮用质量差，通常称为生葡萄酒。其只有经过一段时间的储藏陈化，酒中发生一系列的物理、化学变化后，才能达到最佳的饮用质量。时间为 3 ~ 6 个月。

果胶酶用量为 30 ~ 50 mg/L（果胶酶加入 100 倍的净水溶解搅拌几分钟）。

酵母用量 200 mg/L，把它放进 35 ~ 38 ℃ 10 倍于酵母的纯净水里搅拌，静放 15 ~ 30 min，进行活化。

6.1.2　酒瓶储藏要求

1）存放期

每种葡萄酒在饮用前，都需要存放一段时间。准确的时间取决于对新鲜与醇香两者的取舍。并不是说陈酿很久的葡萄酒可放心饮用，因为葡萄酒的存放也是有期限的。适于存酿的葡萄品种有夏多纳、雷司令、卡本尼萧维昂、墨乐等葡萄品种。一般来说，红酒要在 5 年内饮用。

2）贮存温度

温度是葡萄酒贮存最重要的因素，这是因为葡萄酒的味道和香气都要在适当的温度中才能更好地挥发。更准确地说，才会在酒精挥发的过程中令人产生最舒适的感觉。若酒温太高，苦涩、过酸等味道便会跑出来；若酒温太低，应有的香气和美味又不能有效挥发。

贮存葡萄酒的温度最好要保持恒定，需要尽量避免短期的温度波动。通常温度越高，酒的熟化越快；温度低时，酒的成长就会较慢。

通常贮存葡萄酒的最佳温度为 10 ℃，一般来说，7 ~ 18 ℃的温度也不会有损害。要尽量避免酒窖内的温度波动：温度不稳定会给葡萄酒的品质带来一定的影响。要尽量避免在 20 ℃以上长期存放葡萄酒，也不能低于 0 ℃，这样葡萄酒会结石沉淀，从而降低酒的酸度。

当然，成熟速度的变化也随酿酒所用葡萄品种、酿造法不同而不同。一般而言，不同的葡萄酒所要求的最佳储藏温度见表 6.1。

表6.1 不同葡萄酒最佳储藏温度

类 型	储藏温度/℃
半甜、甜型红葡萄酒	14~16
干红葡萄酒	16~22
半干红葡萄酒	16~18
干白葡萄酒	8~10
半干白葡萄酒	8~12
半甜、甜白葡萄酒	10~12
白兰地	低于15
香槟(起泡葡萄酒)	5~9

3)存放角度

水平存放葡萄酒瓶,是最科学的存放方法之一,在其四周还要放一些包装物品,这样软木塞可充分保持湿润、膨胀,使葡萄酒完全隔绝空气。不要将酒瓶垂直放置,否则,软木塞会慢慢变干而缩小,使葡萄酒接触空气,从而使葡萄酒氧化变质。

注意:饮用前数小时,可将瓶竖直,让沉积物逐渐沉淀下去。

4)储藏湿度

湿度的影响主要作用于软木塞,一般认为湿度在60%~70%是比较合适的,湿度太低,软木塞会变得干燥,影响密封效果,让更多的空气与酒接触,加速酒的氧化,导致酒变质。即使酒没有变质,干燥的软木塞在开瓶时较容易断裂甚至碎掉,这时就难免有很多木屑掉进酒里。若湿度过高有时也不好,软木塞易发霉,而且在酒窖中还容易滋生一种甲虫,会咬坏软木塞,从而导致酒变质。

5)避免阳光直射

光线中的紫外线对酒的损害也是很大的,因此,想要长期保存的葡萄酒应尽量放到避光的地方。虽然葡萄酒的墨绿色瓶子能够遮挡一部分紫外线,但不能完全防止紫外线的侵害。紫外线也是加速酒的氧化过程的主要因素之一。

6)避免振动

振动对酒的损害纯粹是物理性的,葡萄酒装在瓶中,其变化是一个缓慢的过程,振动会让葡萄酒加速成熟,当然结果也是让酒变得粗糙。因此应放到远离振动的地方,而且不要经常搬动。

6.1.3 未喝完的葡萄酒的存放

从酒瓶开启的那一刻起,空气就开始和酒发生反应。如不能喝完,须再塞入软木塞并尽快将酒冷藏。白酒可存放两天左右,红酒可存放3~4 d。葡萄酒在冰箱中只能冷藏几个小时。若存放时间过长,则葡萄酒的品质就会受到影响。

未喝完的葡萄酒存放方式如下:

①用一个干净的瓶塞重新塞住酒瓶,并将它放入冰箱以缓解酒的氧化程度。如果是红葡

萄酒,在侍酒前把酒从冰箱中取出,放置足够长的时间使酒温回复到 18 ℃,这种方法十分有效。

②将剩下的酒倒入 375 mL 的酒瓶中(半瓶量),然后重新塞上瓶塞。这种方法稍显复杂,但也是迄今为止能做的最好的处理方式。如果酒瓶是螺旋塞,那么方法一和方法二操作起来就更加方便。

③使用一种惰性气体置换装置,它能够抽出酒瓶中所有的氧气。这种方法在欧洲的餐饮业十分流行。需要先注满大量的惰性气体来置换残留在半瓶酒瓶顶部的氧气,而且不确定这种装置的容器可否承载足够的惰性气体,以高效地置换好几瓶酒中的氧气。

④使用那些本身不带氧气却能够抽走葡萄酒中的氧气,从而保护葡萄酒的装置。这种真空泵只能抽走 2/3 的氧气,这样剩下的 1/3 的氧气仍然留在瓶中破坏葡萄酒。但是,用这种装置抽走酒中的氧气时,同时也带走了酿酒师为了防止氧气破坏葡萄酒而特意加入的 SO_2。因此,留下的 1/3 的氧气仍然会破坏葡萄酒,而且这时酒因抗氧化剂被抽走而比之前更容易受到破坏。此外,还抽走了葡萄酒的 CO_2,而 CO_2 的作用在于会不被察觉地提升非橡木桶陈酿的白葡萄酒和红葡萄酒的口感和质地。

任务 6.2 葡萄酒的净化与澄清

葡萄酒的澄清是指通过加入能沉淀悬浮物的物质,或其他方法使酒得以澄清。

1) 自然澄清法

定义:采用自然静置的方法促进葡萄酒的澄清。

目的:通过重力作用使葡萄酒中的悬浮物自然下沉使酒澄清。

建议:自然澄清常常需要和其他方法结合使用。

2) 机械澄清法

定义:葡萄酒通过适当的过滤器、离心机,将悬浮物去除。

目的:获得澄清的葡萄酒;去除微生物。

规定:过滤时使用适当的助滤剂,如硅藻土、珍珠岩、纤维素为主要成分预制的过滤层;过滤装置应预先用热水清洗或消毒。

3) 加澄清剂澄清法

定义:加入能沉淀悬浮物的澄清剂,使悬浮微粒凝聚在一起,促进悬浮物的沉淀。

目的:使酒得以澄清;去除一部分单宁多酚,使红葡萄酒变得柔和。

规定:凝聚性澄清剂主要有明胶、蛋清、鱼胶、藻朊酸盐、二氧化硅胶液、酪蛋白、皂土(膨润土)、蛋白;所使用的澄清剂应参照《国际葡萄酿酒药典》的规定;在使用之前,要进行确定添加量的试验。

任务 6.3 葡萄酒的病害与防治

由于各种微生物在葡萄酒中的生长繁殖,从而使葡萄酒失去原有的风味,这种现象称为葡萄酒的病害；而葡萄酒由于受到内在或外界各种因素的影响，发生不良的理化反应，而外观及色、香、味发生改变的现象，称为葡萄酒的败坏。

6.3.1 葡萄酒的病害与败坏的原因

葡萄酒的病害与败坏的原因主要有以下5种：

①工艺条件控制不当。如发酵不完全、残糖含量高，从而提供了微生物滋长的营养。

②在发酵和贮存过程中，葡萄酒品温太高，达到了各种有害微生物繁殖最适宜的温度。

③在贮存过程中，由于酒度低(13% vol以下)而不能抑制杂菌繁殖。

④葡萄酒中未加防腐剂或防腐剂含量太低，或杀菌不彻底。

⑤生产中，原料、设备及环境不符合卫生要求。

6.3.2 葡萄酒的病害与败坏的检查方法

1)观其色、闻其香、尝其味

病酒一般具有不透明、浑浊、失光、香气不正、酒味平淡甚至有异杂味等特征。

2)显微镜检查

若发现大量微生物，则酒已变质。

3)测定挥发酸含量

葡萄酒正常情况下挥发酸含量(以酒石酸计)不超过0.7 g/L，若超过0.8 g/L，则是葡萄酒病害的征兆。

6.3.3 葡萄酒的病害及其防治

1)由生花菌引起的病害

生花菌又名生膜酵母菌，比一般酵母菌稍扁、长，生芽繁殖，好气性。当葡萄酒暴露在空气中时，开始在酒液表面生长一层灰白色的、光滑而薄的膜，逐渐增厚、变硬、形成皱纹，并将液面盖满。一旦受振动即破裂成片状物而悬浮于酒液中，使酒液浑浊不清。这种菌种类很多，主要是醭酵母。它适宜在酒度低的葡萄酒中繁殖，特别是在通风、温度在24～26 ℃及酒度<12% vol的条件下，它能使酒精分解生成水和CO_2，这样就使得葡萄酒的酒度下降，口味平淡，产生不愉快的气味。

防治方法有：贮酒容器要有专人负责，使其经常装满，并加盖严封，保持周围环境及桶内外清洁卫生；不满的酒桶采用充满一层CO_2或SO_2气体的方法，使酒液与空气隔开；提高贮存原酒的酒精含量(含酒精量在12% vol以上)；若已发生生花现象，则宜泵入同类的质量好的酒种，使酒溢出的同时而除去酒花。

2)由醋酸菌引起的病害

醋酸菌是葡萄酒酿造中的大敌。凡是有酒花生长之处，就有醋酸菌在一起繁殖；一旦条件具备，就迅速把酒精氧化变成醋酸，使葡萄酒产生醋酸气味，有刺舌感，严重破坏酒质。

当醋酸菌开始繁殖时，先在液面生成一层淡灰色的薄膜，最初成透明状，以后逐渐变暗或变成玫瑰色的薄膜，并出现皱纹而高出液面。之后薄膜部分下沉，形成一种黏性的稠密物质。

若任其继续发展，则最终使酒变醋。其适宜在酒度<12% vol、有充足的空气、温度在33～35 ℃范围内生长繁殖。

防治方法：发酵温度高，葡萄原料较次时，可加入较大剂量的SO_2；在贮酒时注意添桶，无法添满时可采用充入CO_2的方法；注意地窖卫生，定时擦桶、杀菌，经常打扫；对已感染上醋酸菌的酒，无有效的办法来处理病菌，只能采取加热灭菌，病酒在72～80 ℃保持20 min即可。凡已存过病酒的容器要用碱水浸泡，洗刷干净后用硫黄杀菌。

3）由乳酸菌引起的病害

乳酸菌病害主要是由乳酸杆菌引起，另外还有纤细杆菌，成单个或链状。乳酸菌引起的病害常使酒出现丝状浑浊物，底部产生沉淀，有轻微气体产生，具有酸白菜或酸牛奶的味道，这种病多发于3—4月。

防治方法：适当提高酒的酸度，使总酸保持在6～8 g/L；提高SO_2含量，使其浓度达到70～100 mg/L，用以抑制乳酸菌繁殖；对病酒采用68～72 ℃温度杀菌；重视环境和设备的灭菌与卫生工作；发酵结束，立即将葡萄酒与酵母分开。

4）由苦味菌引起的病害

苦味菌病害是由于厌气性的苦味菌侵入葡萄酒而引起的。苦味菌分两种：一种专门侵害陈年的葡萄酒，另一种则专门侵害2～3年的葡萄酒。苦味菌多为杆菌，侵入葡萄酒会使酒变苦，它主要分解葡萄酒中的甘油为醋酸和丁酸。这种病害多发生在红葡萄酒中，且老酒中发生较多。苦味主要来源于甘油生成的丙烯醛，或是由于生成了没食子酸乙酯造成的。

防治方法：主要采取SO_2杀菌及防止酒温很快升高的方法。若葡萄酒已染上苦味菌，首先将葡萄酒进行加热处理，再按下述各种方法进行处理：

①病害初期，可进行下胶处理1～2次；

②将新鲜的酒脚按3%～5%的比例加入病酒中或将病酒与新鲜葡萄皮渣混合浸渍1～2 d，将其充分搅拌、沉淀后，可去除苦味（酒脚洗涤后使用）；

③将一部分新鲜酒脚同酒石酸1 kg、溶化的砂糖10 kg进行混合，一起放入1 000 L的病酒中，接着放入纯培养的酵母，使它在20～25 ℃下发酵，发酵完毕，再在隔绝空气下过滤换桶。

最后需要注意的是，受苦味菌病害的酒在倒池或过滤时，应尽量避免与空气接触，因为一接触空气就会增加葡萄酒的苦味。

5）其他微生物病害

（1）甘露蜜醇菌病害

若发酵温度过高（38～40 ℃）或由于发酵不完全，残糖继续发酵，产生CO_2，使酒中蛋白质与单宁的聚合物及其他杂质形成胶体悬浮，可引起甘露蜜醇菌病害。发生该病害的葡萄酒会变浑浊，同时葡萄酒有醋酸味和乳酸味，沉淀呈针状。

防治方法：加强发酵管理（如发酵要完全，加糖不能太多，发酵温度不能太高）；对葡萄酒进行冷冻、加热灭菌和下胶处理。

（2）油脂菌病害

发生这种病害大多数在较寒冷的地区，且大多产生在新白葡萄酒中。油脂菌为黏稠芽孢杆菌，呈圆珠状，并连接成似珍珠般项链圈。病酒先是发浑，有变醋现象，最明显的特征是失去流动性、变黏。

防治方法：在 50 ~ 55 ℃的温度下杀菌 15 min，或加入适量的亚硫酸并加入下胶剂沉淀，再经过滤。

(3)都尔菌和卜士菌病害

都尔菌和卜士菌病害又称酒石酸发酵病。该种病菌大多呈杆状，能使葡萄酒中的酒石酸被破坏，酒的颜色发生变化。

防治方法：发酵时注意控制发酵温度，防止升温太快。

6.3.4 葡萄酒的败坏及其防治

1)金属破败病

由于土壤、肥料、农药等因素，使葡萄本身含有一定的金属元素，另外，若酒厂设备条件差，容器、管道、酒泵以及工具等设备中的金属离子也会溶解到葡萄酒中，都会造成葡萄酒的金属离子含量过高而影响酒的质量和稳定性，其中主要是铁破败病及铜破败病。

(1)铁破败病

葡萄酒中的二价铁与空气接触氧化成三价铁，三价铁与葡萄酒中的磷酸盐反应，生成磷酸铁白色沉淀，称为白色破败病。三价铁与葡萄酒中的单宁结合，生成黑色或蓝色的不溶性化合物，使葡萄酒变成蓝黑色，称为蓝色破败病。金属铁在葡萄酒中的浑浊取决于很多因素，如铁含量、酒中的酸含量与 pH 值大小、氧化-还原电位、磷酸盐的浓度及单宁的种类等。蓝色破败病常出现在红葡萄酒中，因红葡萄酒中单宁含量较高。白色破败病在红葡萄酒中往往被蓝色破败病所掩盖，故常出现在白葡萄酒中。

防治方法：要避免葡萄酒与铁质容器、管道、工具等直接接触；采用除铁措施(如氧化加胶、亚铁氰化钾法、植酸钙除铁法、麸皮除铁法、柠檬酸除铁法及维生素除铁法等)，使铁含量降至 5 mg/L 以下；添加柠檬酸：每 100 L 酒中加入柠檬酸 36 g，可有效地防止铁破败病；但对已发生病害的酒，在使用柠檬酸后，同时再加入一定量的明胶和硅藻土，经澄清、过滤，以除去沉淀和病害，柠檬酸、明胶和硅藻土的使用量，应通过试验后确定；避免与空气接触，防止酒的氧化。

(2)铜破败病

葡萄酒中的 Cu^{2+} 被还原物质还原为 Cu^{+}，Cu^{+} 与 SO_2 作用生成 Cu^{2+} 和 H_2S，二者反应生成 CuS，生成的 CuS 首先以胶体形式存在，在电解质或蛋白质作用下发生凝聚，出现沉淀。

防治方法：在生产中尽量少使用铜质容器或工具；在葡萄成熟前 3 周停止使用含铜农药(如波尔多液)；用适量硫化钠除去酒中所含的铜。

2)氧化酶破败病

在霉烂的葡萄果实中含有一种氧化酶，它是葡萄霉菌代谢过程中的产物。当其含量达到一定值时，若红葡萄酒与空气接触，则红葡萄酒变为棕褐色，酒变得平淡无味，酒液浑浊不清，最后变成棕黄色，故称为氧化酶破败病(又称棕色破败病)。若白葡萄酒患此病时，酒色发青、酒液浑浊，最后转变成棕黄色。

防治方法：选择成熟而不霉烂变质的果实，做好葡萄的分选工作；对压榨后的果浆，在发酵前，应采取 70 ~ 75 ℃加热处理，并使用人工酵母；适当提高酒度、酸度和 SO_2 的含量，以抑制酶类的活力；对已发病的葡萄酒，调入少量单宁，并加热到 70 ~ 75 ℃，杀菌、过滤。

3)蛋白质

在葡萄酒中,存在着一定量的蛋白质,当酒中的 pH 值接近酒中所含蛋白质的等电点时,易发生沉淀。此外,蛋白质还可以和酒中含有的某些金属离子、盐类等物质聚集在一起而产生沉淀,影响酒的稳定性。

防治方法:及时分离发酵原酒;进行热处理,先加热,加速酒中蛋白质的凝结;然后冷处理,低温过滤、除去沉淀物;控制用胶量,在葡萄酒澄清用胶时,必须要通过小样试验,确定用胶量,否则加胶过量,会破坏酒的稳定性;加入蛋白酶分解葡萄酒中的蛋白质。

4)酒石酸

在葡萄酒中会有大量的酒石酸(占葡萄酒总有机酸含量的50%以上),同时也含有一定量的钾离子、铜离子、钙离子等,故在葡萄汁中存在一定浓度的酒石酸盐,主要是酒石酸钙和酒石酸氢钾,由于其溶解度小,常形成沉淀,俗称酒石,影响葡萄酒的稳定性。酒石酸钙和酒石酸氢钾的溶解度随酒精含量的增加及酒液温度的下降而减少。

防治方法:严格贯彻陈酿阶段的工艺操作,及时换池、清除酒脚、分离酒石;对原酒进行冷冻处理,低温过滤;用离子交换树脂处理原酒,清除钾离子和酒石酸。

5)其他败坏

(1)苦涩味

苦涩味可能是由果实感染苦味菌引起,也可能是由果核破碎、压榨过度及发酵温度过高等因素引起。可采取新鲜葡萄酒稀释、加入蛋白质等胶体与单宁结合并澄清过滤、使用精制砂糖等措施来防治。

(2)霉臭味

若酿酒容器,尤其是木制容器未经彻底洗净就用来盛酒或酒窖潮湿不洁、发霉等,则霉菌容易滋生而污染酒质;若发现此情况时,应添加蛋白质或明胶澄清,过滤后所得的清酒应贮存于清洁、无霉味的容器中。

(3)辛辣味

辛辣味主要来自葡萄酒中的醛类物质,皆因在贮存期内管理不当所致。可采用新鲜葡萄酒或葡萄汁酌量调配,以减少辛辣味。

任务6.4 葡萄酒的包装

葡萄酒的包装是指为在葡萄酒生产、流通过程中保护红酒,方便储运,促进红酒销售,按一定的技术方法所用的葡萄酒容器、材料和葡萄酒辅助物等的总体名称;也是指为达到上述目的在采用容器、材料和辅助物的过程中施加一定技术方法等的操作活动。

6.4.1 包装材料

1)酒瓶

酒瓶是包装中最主要的装置,酒瓶颜色应根据酒的品种有所选择,白葡萄酒使用浅绿色和深绿色;红葡萄酒则要求深绿色和棕色。瓶形要求美观大方并便于刷洗。盛葡萄酒的瓶子都是以容量计，根据欧盟有关规定，葡萄酒瓶容量必须为 750 mL 的倍数或相关数，故选择 750 mL的玻璃瓶来灌装葡萄酒。

玻璃作为葡萄酒瓶的使用材料时，要求玻璃中不含有酸溶出物。检查方法是将 2% 酒石酸水溶液装入经洗净的待检瓶中，水液加热至沸腾，冷凉放置数日，如水发生浑浊，这样的瓶子就不能使用。瓶子壁厚要求均匀，耐温耐压性能良好，瓶口尺寸应符合标准。木塞包装对瓶口内径应有所规定，使用铝防盗盖对瓶口螺丝尺寸有所规定，具体要求执行部颁高级酒瓶的标准。

2）木塞

在国外，优质葡萄酒仍强调使用木塞封口。木塞直接与酒液接触，木塞质量的好坏对酒的质量也有很大影响，木塞要求表面光滑无疤节和裂缝，弹性好，大小与瓶口吻合。木塞还要求有很高的摩擦因数，既可柔软滑动，又可防滑，也易被起塞，具有良好的密封作用，否则会造成酒的渗漏。但为了防漏，一般还要在塞上进行堵漏处理，可用特殊胶水封堵，然后打光，也可衬一层玻璃纸。木塞使用前要进行处理，用温水洗净后再用 1.5% 的亚硫酸水浸洗，效果更好，同时可起到灭菌作用。

3）铝制螺纹盖

铝制螺纹盖国外又称为防盗盖。我国已于 1964 年在烟台试制成功并投入生产，并于 1969 年由烟台张裕葡萄酒酿酒公司改进工艺，提高质量，解决了扭不断的毛病。铝制螺纹盖有密封结实、开启方便、价格便宜、美观大方、便于机械化生产等优点。

6.4.2 包装工艺设计工艺流程

葡萄酒包装工艺流程如图 6.1 所示。

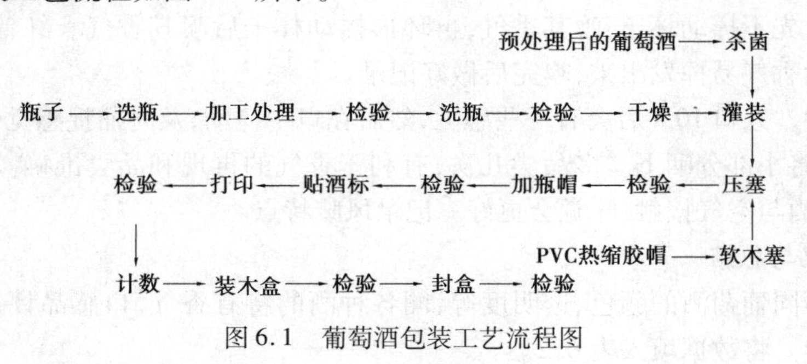

图 6.1 葡萄酒包装工艺流程图

【自测题】>>>

1. 请分析葡萄酒的后处理关键工序有哪些？
2. 简述葡萄酒中的微生物危害与防治。
3. 葡萄酒在贮存过程中主要经历哪几个阶段？
4. 葡萄酒为什么要下胶？怎样下胶？

【知识拓展题】>>>

葡萄酒贮存期是否越长越好？各种葡萄酒如何选择合适的贮存期？

实训项目5　葡萄酒的品评实验

1)实训目标

掌握葡萄酒的质量标准、品评要求;了解葡萄酒的品评方法;学会评价啤酒和葡萄酒感官品评。

通过对啤酒、葡萄酒的品评,进一步了解葡萄酒的风味,加深对其色泽、口感及起泡性的认识。

2)实训原理

在理化指标合格后,葡萄酒质量的优劣就主要依据人们的感官评价。葡萄酒的外观特征主要表现在:色泽、澄清度、起泡程度和流动度,依据人们对葡萄酒的观察获得;葡萄酒的香气是由嗅觉来确定的,一般分为果香和酒香两大类。对加香葡萄酒来说,还包括芳香植物带进的香气。葡萄酒的滋味比较复杂,它是利用人的舌头、软腭、喉头等味觉器官同时进行辨别来检验的;在视觉、嗅觉、味觉检验的基础上,综合形成对葡萄酒风格的评价。

3)主要仪器、设备与材料

①材料:各种葡萄酒(干红葡萄酒、干白葡萄酒、桃红葡萄酒、香槟酒等)。

②仪器:高脚杯(透明)。

4)实训过程与方法

①将葡萄酒倒入杯内,为量杯体积的1/3。

②观察色泽、透明度。

③嗅香气。先不摇动杯子,嗅其香气,再环形摇动杯子后嗅其香气。红葡萄酒香气挥发得很慢。摇动后香气易挥发出来,嗅完后做好记录。

④入口品尝。入口10 s后会有一些感觉,然后在口中搅动,及时捕捉感觉做好记录。10 s后吐出一部分,将小部分咽下。多品尝几次,有利于香气的再现和品尝准确。然后再尝一小口,将口张开让酒与空气接触,味觉会更好。记录风味特点。

5)实训成果与总结

观察记录不同葡萄酒的颜色、透明度等,闻各种酒的特有香气,口感品评,最后把数据记录填表打分比较。将数据填入表6.2。

表6.2　葡萄酒品评表

名　称	原汁含量	酒精度	保质期	类　型	品评结果

6)知识拓展

①品评过程中,对于品酒温度有何要求?

②查阅资料对照国家对品酒质量的要求,分析品酒的结果。

附件：

1）葡萄酒品评的步骤

（1）观色

观色主要是观察葡萄酒的色泽和澄清度。白葡萄酒的颜色从年轻时的水白色或浅黄带绿边到成熟后的禾秆黄、深金黄色。红葡萄酒会因酒的陈年而颜色淡褪，从紫红变为深红、宝石红、桃红、橙红。葡萄酒澄清度不高，表明该葡萄酒受到了细菌污染或发生了非生物混浊，从而可以判断它的澄清工序和过滤工序是否完好，保藏条件是否卫生，是否变质。酒的颜色应明亮，如缺乏亮度是象征其味道也可能呈现单调，因酒的亮度是由其酸和品质所构成的。

（2）闻香

闻香是嗅酒的香气是否协调、完美，酒香是葡萄酒本身必须具备的典型物质。第一次先闻静止状态的酒，一般只闻到扩散性最强的那一部分香气；第二次闻香前，先晃动酒杯，促使酒与空气中的氧接触，让酒的香味物质释放出来，此次闻到的香味应该是比较丰富、浓郁、复杂的；第三次闻香主要用于鉴别香气中的缺陷。闻香前，先使劲摇动酒杯，使葡萄酒剧烈转动。这样可加强葡萄酒中醋酸乙酯、氧化、霉味、苯乙烯、硫化氢等令人不愉快的气味的释放。

品酒时，白葡萄酒品香温度最好在14 ℃以下，红葡萄酒温度稍高，但不得超过20 ℃，由于葡萄酒香气极为复杂，所以闻香时主要是注意酒的果香和酒香两种。

（3）品味

品味是以口感品尝酒体的滋味，也是对葡萄酒质量的直接检验。品味时，啜上一口葡萄酒，含在口中不要急着马上吞下去，用舌头在口腔里快速搅动，让整个口腔的上、下颚充分与酒液接触，体味其口感或酒体。

2）品评的原则

从品评原则来说，葡萄酒应分类别、类型来进行评比，遵循由浅色至深色，先干酒后甜酒，从低度到高度的原则。品评人员应具备一定的葡萄酒的基础知识，以帮助品评。

3）品评的地点要求

品尝的地点应满足以下要求：

①适宜的光线：充足、均匀的散射光；人工光源用日光灯类；

②无噪声：品尝场所应远离噪声源，最好是隔音的；

③清洁卫生无异味：品尝场所应便于通风或排气，无任何异味；

④保持使人舒适稳定的温度与湿度：温度保持在20～22 ℃，相对湿度以60%～70%为宜。

4）葡萄酒品评的常用术语

葡萄酒品评的常用术语及其意义如下所述：

酒体——葡萄酒在口中的感觉，或丰满或单薄，可以表达为酒体丰满，酒体均匀或酒体轻盈。

酒香——葡萄酒在装瓶陈年的过程中所形成的复杂而又多层次的味道和感觉。

浓郁——强烈的香味。

瓶塞味——葡萄酒中由于变质受到污染，产生异常的口味。

清爽——非常新鲜，明显的酸味（特别是白葡萄酒）。

新鲜——生动、干净，果实香味，是新酒的一种重要特征。

香味浓郁——具有强烈的果香味的葡萄酒。

饱满——富有一定数量酒体的葡萄酒。

酸味——存在于所有的葡萄中，是保存葡萄酒的必需组成部分。酸味在葡萄酒中的表现特征为脆而麻辣。

回味——在吞咽下酒之后喉间酒味萦回的味道。请参阅“余味”。

麻辣——由于单宁在葡萄酒中的作用而使喉间受到强烈刺激的感觉。

平衡——好的术语，描述了在葡萄酒中香味、酸度、干度或甜度的成分均匀而又和谐的体现。

干净——没有可察觉的缺点，没有难闻的味道。

余味——在吞咽下葡萄酒之后味道在嘴里萦回的时间，时间越长越好。

轻盈或酒体轻盈——相对而言酒体比较单薄的葡萄酒。

柔和——口感和谐，有时实为甜味的委婉说法。

口感——葡萄酒及其成分在喉咙内的具体感官表现力。

丰富——富有多样、丰富、愉快的香味。

圆润——平衡的酒体，不涩口的味道，没有坚硬的感觉。沉淀一种在葡萄酒陈年的过程中所形成的葡萄酒的自然成分。

生涩——未成熟的果实味道。

涩口——由于酸度和单宁含量高而引起的麻辣的感觉。

辛辣——由于高酸度而引起的尖锐的口感。

特酿——葡萄的混合或特殊精选。

精致——描绘了清淡或均匀的葡萄酒酿制得当，口味优雅。

无酿制年份——没有具体年份的葡萄酒，通常是由不同年份的葡萄混合而酿制出来的。

橡木桶味——在葡萄酒陈年的过程中，由于酒与橡木桶接触而产生的带有橡木的香味和口感。

葡萄品种——酿制一种葡萄酒过程中所采用的葡萄。

酿制年份——摘取葡萄以及酿制葡萄酒的当年。

5）葡萄酒的评分标准用语和评分细则

葡萄酒的评分标准用语见表6.3。

表6.3 葡萄酒评分标准用语

葡萄酒分数	特　点
90分以上	具有该产品应有的色泽，悦目协调、澄清（透明）、有光泽；果香、酒香浓馥优雅，协调悦人；酒体丰满，有新鲜感，醇厚协调，舒服，爽口，回味绵延；风格独特，优雅无缺。80～89分具有该产品的色泽；澄清透明，无明显悬浮物，果香、酒香良好，尚悦怡；酒质柔顺，柔和爽口，甜酸适当；典型明确，风格良好
79～70分	与该产品应有的色泽略有不同，澄清，无夹杂物；果香、酒香较少，但无异香；酒体协调，纯正无杂；有典型性，不够怡雅
69～65分	与该产品应有的色泽明显不符，微浑、失光或人工着色；果香不足，或不悦人，或有异香；酒体寡淡、不协调，或有其他明显的缺陷（除色泽外，只要有其中一条，则判为不合格品。）
64～55分	不具备应有的特征

葡萄酒的评分细则见表6.4。

表6.4 葡萄酒评分细则

<table>
<tr><th colspan="3">项 目</th><th>要 求</th></tr>
<tr><td rowspan="3">外观10分</td><td rowspan="2">色泽5分</td><td>白葡萄酒</td><td>近似无色、浅黄色、禾秆黄色、绿禾秆黄色、金黄色、琥珀黄色</td></tr>
<tr><td>红葡萄酒</td><td>紫红、深红、宝石红、鲜红、瓦红、砖红、黄红、棕红、黑红色</td></tr>
<tr><td colspan="2">澄清程度5分</td><td>澄清透明、有光泽、无明显悬浮物</td></tr>
<tr><td colspan="3">香气30分</td><td>具有纯正、优雅、愉悦和谐的果香与酒香</td></tr>
<tr><td rowspan="2">滋味40分</td><td colspan="2">干、半干葡萄酒</td><td>酒体丰满,醇厚协调,舒服、爽口</td></tr>
<tr><td colspan="2">甜、半甜葡萄酒</td><td>酒体丰满,酸甜适口,柔细轻快</td></tr>
<tr><td colspan="3">典型性20分</td><td>典型完美,风格独特,优雅无缺</td></tr>
</table>

项目7

葡萄酒生产副产物的综合利用

【学习目标】

1. 了解果渣及果核、葡萄酒糟、酵母酒脚等副产物的利用技术。
2. 了解酒石酸钾盐的回收技术。

任务7.1 果渣及果核的利用

葡萄是世界上普遍栽培的水果之一，据统计，全世界年产葡萄约7 000万t，中国年产葡萄约600万t。这些葡萄约80%用于酿酒，13%作为鲜果用，7%用于加工果汁或其他葡萄用品。随着我国葡萄产量的增长和葡萄加工业的极大发展，每年产生约占葡萄加工量25%的大量皮渣废弃物，其中，主要是葡萄皮、种子和果梗等。目前，大多数葡萄酒厂都是将其作为废物丢弃，不仅污染环境，对资源也是一种极大的浪费。因此，积极有效地开发这一资源，将其变废为宝，具有重要的意义。

7.1.1 葡萄果渣的利用

广义的葡萄果渣，是指在加工过程中，残留下来、不能再用于酿酒的劣质葡萄，以及葡萄经过压榨、提取，剩下的葡萄皮、肉、籽、梗、果柄等。

狭义的葡萄果渣，则仅指葡萄果穗本身在加工（分选、破碎、除梗、压榨）过程中所剩留的"葡萄皮渣"，其中可残留一小部分的葡萄汁。

1）果渣的发酵制酒

使用优良品种的葡萄酿造葡萄酒所得果渣仍含有浓郁的果香及其他良好的酿酒成分。如采用合理的方法，还可用它酿出风味良好的佐餐葡萄酒。其方法如下：

（1）果渣中加糖浆，可作酿造桃红葡萄酒的原料

在酿造优质干白葡萄酒时，把滴干的果渣不经过压榨而再加进与自流汁相同量和适当糖度的糖浆，并补充适当的酒石酸后，可用酿造桃红葡萄酒。

有些品种的葡萄含有色素较高，这种果渣的色素浸出虽然也可满足酿造红葡萄酒的要求，但由于用糖浆替换50%～60%的葡萄汁，因而酒中浸出物含量低，缺乏陈化能力，所以不宜酿造红葡萄酒。如果由此酿造的桃红葡萄酒的色素含量过高，可通过加大下胶量或脱色来处理达到要求。

（2）浸出法回收葡萄汁，发酵制酒

把尚未发酵的果渣装入浸出槽，在皮渣的上面均匀喷水。当水从果渣上部流下时，把残留在果渣中的果汁成分洗出。通过调节水温的高低，还可不同程度地浸提出固体部分的有效成分。如果把几个浸出槽串联起来，把第一个浸出槽底流出的浸出汁再喷于第二个浸出槽的果渣上面，以此类推，用最后一个浸出槽流出来的浸出汁酿造葡萄酒时，也可得到果香突出、新鲜爽口、酒质柔顺的佐餐酒。

（3）直接发酵生产葡萄果渣白兰地酒或酒精

果渣中含有少量的葡萄汁或葡萄糖。应用固态直接发酵法，也可加进糖度13～14 BX的适量糖浆后接种人工酒母，使其堆积发酵或下池发酵，然后经过蒸馏锅（利用白酒厂的成熟经验），提取原白兰地酒或葡萄酒精。但在葡萄酒发酵季节，有大量的果渣和酒糟产出，同时蒸馏需要大量的蒸馏设备，而且设备利用率不高。因此，需要把果渣贮存一段时间，延长蒸馏时间。

(4)果渣或酒糟贮存容器是用水泥或砖池

把果渣或酒糟置于池内分层压实,装满后在其上抹一层黄泥,并用水将黄泥抹平,以隔绝空气。在贮存期间,果渣缓慢发酵产生出来的 CO_2 会将池子表面的黄泥冲破。因此,需经常检查,及时予以抹平。这样可将果渣或酒糟贮存 3～5 个月不变坏。

2)从果渣中分别提取有效成分

对于含有色素成分较高的果渣,提取食用色素不仅有益于人们生活的需要,而且在经济上也是合理的。为了取得较高的经济效益,应同时提取其他有效成分,其工艺流程如图 7.1 所示。

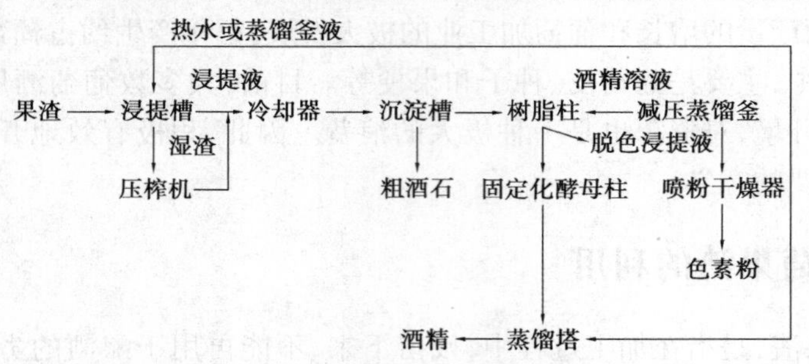

图 7.1　从果渣中提取有效成分工艺流程图

由于色素很不稳定,花色苷很容易在空气中氧化聚合,因此果渣要尽快处理。把富含色素的果渣装入能够密封的浸提槽内,再从上面喷淋热水,热水进入浸提槽后,使果渣温度达到 70 ℃,这有利于浸提和钝化氧化酶。浸提一定时间后从槽底部放出含有糖分、酒石酸氢钾和色素的浸提液。浸提液经冷却器进入沉淀槽,分离粗酒石之后通过树脂柱,使色素被适当的树脂吸附下来。分离色素之后的浸提液送去发酵,发酵后蒸馏获得酒精或白兰地酒。而蒸馏釜液需补充一部分热水。

当树脂被色素饱和之后,用适当浓度的酒精溶液将色素洗脱下来,树脂得到再生。而把溶有色素的酒精溶液进行减压蒸馏,所得酒精溶液可重复使用。釜底得到的色素溶液经喷粉干燥,制得色素粉,也可把色素溶液进一步浓缩到每 1 L 含 200～250 g 干物质的浓缩液中,进而冷却至 2～5 ℃下贮存。虽然贮存不如色素粉方便,但使用很方便,也可减少设备投资。经浸提后的湿渣经过压榨后得干渣,水分降到 50%～55%,然后用振动筛筛分,可分离出葡萄籽、果肉、果柄等。果肉与其他成分配合,可压成粒状饲料。

7.1.2　葡萄果核的利用

葡萄的果核,即为葡萄籽,葡萄皮渣经干燥后过筛即可分为葡萄皮与葡萄籽两部分。葡萄籽平均占葡萄重量的 3%,山葡萄含量平均占 10% 左右。葡萄籽可用于葡萄籽油的开发和提取低聚原花青素(OPC)、单宁、蛋白质等。

1)葡萄籽油的开发利用

葡萄籽中含油脂丰富,一般为 14%～18%,经过压榨或溶剂浸提即可得到葡萄籽油,有些国家已用葡萄籽制作精制食品油。欧洲自 18 世纪开始,就已用压榨法提取葡萄籽油,意大利将葡萄籽油与其他植物油混合作为烹调用油,阿根廷则用萃取法提取葡萄籽油以供食用。按葡萄籽含量平均 3% 计算,1 万 t 葡萄可出葡萄籽 300 t,出油率按 10% 计,则可出油 30 t,这是一项很乐观的收入。

纯的葡萄籽油为淡黄色，主要成分为亚油酸，且亚油酸占70%以上，除此之外，葡萄籽油中还含有Mg、Ca、K、Na、Cu、Fe、Zn、Mn、Co等矿物质元素和V_A、V_D、V_E、V_K等维生素。葡萄籽油含非碱化物很少，在空气中易氧化、发黏，相对密度为0.920 2～0.935 0，皂化值最低174，最高208，能溶于苯及CO_2。葡萄籽油脂肪酸的组成见表7.1。

表7.1 葡萄籽油脂肪酸的组成

名　称	含量/%
油酸	13.2～20.0
亚油酸	64.2～78.0
硬脂酸	3.2～4.0
棕榈酸	6.2～8.0
棕榈油酸	0.2～0.6
亚油酸	0.2～0.1

葡萄籽油可用压榨法或溶剂萃取法获得。用沸点为110 ℃的汽油为溶剂，萃取的油质量很好。萃取前须将葡萄籽磨碎，但不要过细，水分在10%左右，萃取接触时间约30 min。萃取的葡萄籽油经过真空蒸发回收溶剂后，用过热蒸汽脱臭，再用碱液除去游离脂肪酸，活性炭脱色，既得精制葡萄籽油。葡萄籽油很容易氧化，加工和贮存期间要注意采取隔氧措施。

精制的葡萄籽油可作食用油，能预防和治疗血管硬化，促进油脂在体内的新陈代谢，同时可以保护人的皮肤发育和促进皮肤的营养，使皮肤光滑细腻。有的国家将这种油专供高空作业人员食用，特别是飞行人员食用。

2）葡萄籽提取低聚原青花素

葡萄籽提取油脂之后的葡萄籽残渣还含有低聚原青花素（OPC），是一种有着特殊分子结构的生物类黄酮，是目前国际上公认的清除人体内自由基最有效的天然抗氧化剂。据相关资料显示，其在体内的抗氧化能力是V_E的50倍，V_C的20倍。其结构如图7.2所示。

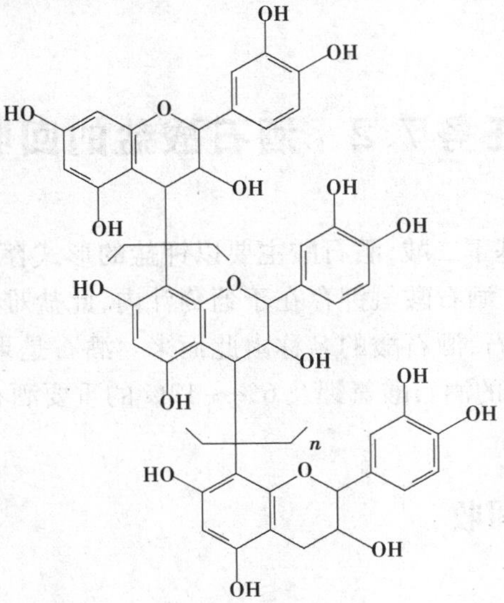

图7.2 原青花素结构通式

因此,以葡萄籽为原料,用水、乙醇等溶剂提取、分离、浓缩、精制,最后制成花色素浓缩液。提取的浓缩液中原花色素的体积分数达到0.04~0.05,可作为果汁、饮料等的抗氧化剂,也可将其再浓缩和干燥,制取粉末状干燥制品。

3)葡萄籽单宁的提取

葡萄籽中含有10%左右的单宁,单宁是不同聚合度的黄烷-3-醇聚合物的混合物,可用作制药,也是皮革工业的鞣料,制造墨水、化工、印染工业的原料。葡萄籽提取油脂之后的部分,可用50%的酒精浸提,约10 d滤出,滤除的残渣作为动物饲料,滤液合并蒸馏,先将酒精减压蒸馏予以回收,母液继续浓缩达一定浓度后,再经过喷粉干燥而成为单宁制品。

4)葡萄籽提取蛋白质

葡萄籽提取油脂后,还可提取蛋白质,葡萄籽蛋白质是一种新型的蛋白质资源,含有18种氨基酸,其中人体所必需的8种一应俱全,因此,可用于强化食品、滋补剂等保健药物。葡萄籽蛋白质氨基酸的组成见表7.2。

表7.2 葡萄籽蛋白质氨基酸的组成

氨基酸	含量/$(g \cdot kg^{-1})$	氨基酸	含量/$(g \cdot kg^{-1})$
甘氨酸	46.0	精氨酸	73.2
丙氨酸	37.6	赖氨酸	28.1
缬氨酸	47.8	胱氨酸	2.5
亮氨酸	62.2	蛋氨酸	7.9
异亮氨酸	37.4	苯丙氨酸	41.0
丝氨酸	32.6	酪氨酸	34.0
苏氨酸	24.2	组氨酸	17.2
天冬氨酸	81.1	脯氨酸	53.6
谷氨酸	196.2	色氨酸	3.1

任务7.2 酒石酸盐的回收

酒石酸又称2,3-二羟基丁二酸,酒石酸主要以钾盐的形式存在于多种植物和果实中,也有少量是以游离态存在的。酒石酸氢钾存在于葡萄汁内,此盐难溶于水和乙醇,在葡萄汁酿酒过程中沉淀析出,称为酒石,酒石酸的名称由此而来。酒石是果酒中唯一葡萄酒酿造产生的副产物,含有50%~80%的酒石酸氢钾及6%~12%的重要酒石酸钙。粗酒石为酒石与其他杂质的混合物。

7.2.1 粗酒石的回收

1)粗酒石

粗酒石主要来源于葡萄酒储藏过程的沉淀物,白葡萄酒发酵得的粗酒石为白色,称为白酒石;红葡萄酒发酵所得的粗酒石为红色,称为红酒石。

葡萄酒中的酒石酸由于介质浓度、pH 值、酒度、温度等条件的变化,酒石酸与酒中的钾离子、钙离子形成结晶,与酒中杂质、胶体等一起沉淀到容器底部,形成粗酒石。酒石的作用在于生产酒石酸及其盐类,广泛应用于化工、医药、食品、电镀等行业。

2)粗酒石的回收

(1)从葡萄皮渣和废液中提取粗酒石

当葡萄皮渣和葡萄酒糟分别经过处理及蒸馏白兰地酒以后,都变成蒸馏酒糟,盛入蒸锅内,加入热水,水面淹没其糟层,然后把蒸馏锅盖盖好,用蒸汽煮 15 ~ 20 min。

将煮沸溶液放出,放入浅而开口的结晶槽中,冷却、结晶。当溶液冷却 24 ~ 48 h 后,可在桶壁、桶底看到粗酒石的结晶体,其中含有 80% ~ 90% 的纯酒石酸。由于结晶不完全,可将分离结晶的母液再加入蒸馏锅内加热。如此反复操作,可得粗酒石结晶。

重复使用 5 次以后的母液,因含有蛋白质等杂质太多,溶解酒石的能力降低,可用新鲜的水交换其中 1/5 的母液;这份母液可加石灰乳中和,以便提取酒石酸钙。粗酒石和酒石酸钙则烘干备用。

(2)从葡萄酒酒泥提取粗酒石

葡萄酒酒泥是指葡萄酒在发酵池内或贮存桶内,经过抽卸工艺,葡萄酒即被分离出去,剩下来的泥状沉淀物,俗称酒泥。葡萄酒泥主要是酵母细胞、葡萄果肉碎屑、蛋白质凝固物等。酒泥不能直接提取酒石,需先用布袋将酒滤出。葡萄酒泥含重酒石酸钾及酒石酸钙平均在 24% 左右,因生产工艺、葡萄品种、环境等条件不同而差异极大。

将酒泥投入蒸锅内,每 1 kg 酒泥加水 2 L,加热煮沸,趁热用压滤机过滤,收取滤液。滤液积盛在结晶木桶内,悬挂麻绳数条,任其冷却结晶,从桶壁、桶底及麻绳上取结晶的粗酒石。每 100 kg 的酒泥,可得粗酒石 15 ~ 20 kg,其中含 50% 的纯酒石酸,干燥后贮存备用。

(3)从桶壁、桶底采取粗酒石

在葡萄酒的贮存过程中,酒内所含不稳定的酒石酸钾,受到冷处理的影响,有一部分酒石酸盐就时常析出,或沉积于桶底,或附着在桶壁上。酒石的晶体形状为三角形,在容器的上部大而多,下部则小而少。在倒桶后,酒桶清空。对于结晶于桶壁或桶底的酒石,可采用刮削、振动、敲击等方法收集,可用木槌或铁铲。应注意不要损坏涂料层或不锈钢桶的表面氧化层。

7.2.2 酒石酸氢钾及其盐类的制取

1)酒石酸盐含量的测定

称取试样 100 g,加 3 ~ 4 倍的蒸馏水,加热煮沸,澄清,上清液过滤(过滤困难者可采用抽滤方法),沉淀用热水洗涤 3 ~ 4 次,洗涤后澄清过滤。定容滤液至 1 000 mL,水浴中蒸发至 100 mL,用 KOH 中和至中性,再用盐酸调整 pH 值至 3 ~ 4。于冰箱中 0 ℃左右放置 10 h,分离液体,结晶,于 40 ℃通风下干燥 4 ~ 6 h,称重,称得的质量即为每 100 g 试样中可得酒石酸氢钾的量。

2)酒石酸氢钾及其盐类的制取

(1)酒石酸氢钾

粗酒石中含 50% ~ 80% 的酒石酸氢钾,需进一步精制。利用酒石酸氢钾溶解度随温度升高而增大且变化较大的性质,采用热熔后冷却结晶的方法进行提纯精制。

酒石酸氢钾生产工艺流程如下：

粗酒石⟶加水⟶加热⟶溶解⟶加活性炭(1%左右)⟶压滤⟶冷却结晶⟶用去离子水加热溶解⟶离心分离⟶烘干⟶检验⟶成品。

每次结晶后的母液可作为上道工序溶剂使用，连续使用几次后需废弃一部分，以免杂质含量过高影响结晶质量。

(2)酒石酸钾钠

酒石酸钾钠精制工艺流程如图7.3所示。

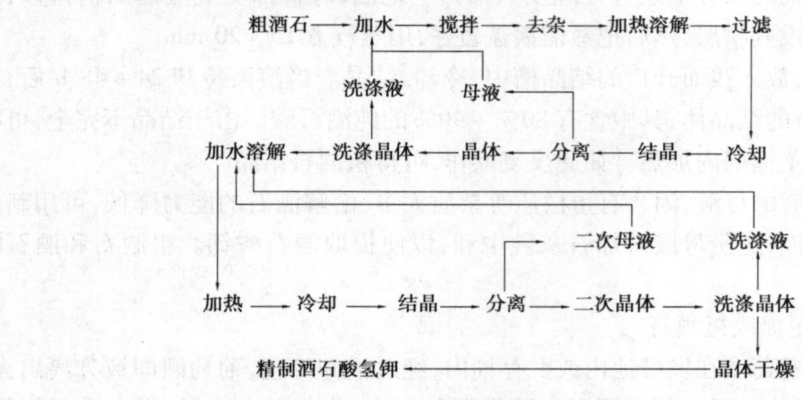

图7.3　酒石酸钾钠精制工艺流程图

操作要点：以1：(1~2)的比把粗酒石和冷水加入夹层锅中，搅拌洗涤，去除表面上的悬浮杂质，然后边加热边搅拌，当温度上升到80~90 ℃时，缓慢地加入16~17 kg的烧碱，控制pH值为7~8，达到中和点时加水调节浓度。然后用布袋过滤，滤液流入结晶槽以后被冷却结晶，大约需24 h结晶完全。把母液抽出用于溶解粗酒石，结晶捞出后用冷水冲洗，洗涤液用于溶解粗酒石。

把晶体重新加入夹层锅并加入2倍的水溶解，然后加入0.05%~0.1%的活性炭，加热至80 ℃，保温0.5~1 h后过滤，添加活性炭的数量，以达到一次脱色完全为宜，无色滤液加热浓缩至需要的浓度后流入结晶槽，冷却结晶，分离二次母液和洗涤晶体。二次母液和洗涤液用于溶解晶体，本次和下次洗涤水都要用蒸馏水。把二次晶体按上次温度再用蒸馏水溶解结晶一次，对晶体进行检验，如达不到要求继续溶解结晶的分离操作，直到纯度到达要求为止。每次结晶分离的母液和洗涤液都用于前面的晶体溶解。经检验合乎标准的酒石酸钾钠进行烘干即为成品。

任务7.3　葡萄酒糟和酵母酒脚的综合利用

葡萄酒经发酵后，放出自流酒留下的酒糟称为湿糟。一般自流酒的量和湿糟量差不多。从湿糟中还可榨出50%的葡萄酒，经过压榨后的酒糟称为干糟。干糟还含有一定量的葡萄酒未榨出，对于这部分葡萄酒的利用，可加去离子水浸出水酒，也可采用蒸馏法提取白兰地酒或分离出科涅克油。

葡萄酒换桶时，原桶残留下的沉淀与浊酒称为酒脚，酒脚中含有较浓稠的科涅克油。一般用于蒸馏白兰地酒或分离出科涅克油。

7.3.1 从酒糟、酒脚中蒸馏原白兰地酒

酒糟、酒脚可用固体蒸馏机直接蒸馏，也可直接用浸出法得酒（浸出方法同果渣浸出葡萄酒所述）后，再用蒸馏塔或壶式蒸馏锅蒸馏。固体直接蒸馏的原白兰地酒有比较粗糙的香味，而用浸出酒蒸馏的白兰地酒香味比较细致，减少了杂味，但蒸馏耗热多，大约15 kg干糟可蒸出1 kg 50%的原白兰地酒。

7.3.2 从酒糟、酒脚中蒸馏酒精及分离科涅克油

科涅克油又名葡萄渣油，主要成分为戊酸乙酯，通常称为水芹醚，是一种名贵的调白兰地酒的主要香料，其香气持久，扩散力强，具有甜蜜的酒香和果香，还有类似鸢尾凝脂的迷人香气和隐约的玫瑰精油的芳郁，如今也广泛用于食品和化妆品行业。

1）科涅克油的成分及来源

科涅克油的成分很复杂，主要是高级脂肪酸和乙醇生成的酯类，如月桂酸乙醇、癸酸乙酯、壬酸乙酯、乙酸乙酯、丁酸乙酯等。从这些成分可以看出，科涅克油主要来源于葡萄酒发酵过程中酵母死亡后的分解产物，大量的酵母存在于葡萄酒的酒脚中，酵母品种及分解的物质不同，蒸馏出的精油的性质和风味也有很大的差别。在较为浓稠的酒脚中可提取出0.1%左右的科涅克油，而一般酒糟的出油率不足0.01%。

2）科涅克油的提取

目前，国内一般采用蒸馏的方法提取科涅克油，设备为壶式蒸馏锅，容量为1 000 L，每次蒸馏酒脚500 L左右。每锅蒸馏需10 h左右，每吨可得0.2 L的油。

正确地控制蒸馏的压力和温度，是提高得油率的关键。从科涅克油的主要成分可知，其沸点一般较高，大多数存在于酒尾中。因此，可以把蒸馏过程分为蒸酒和蒸油两个阶段。

第一阶段为蒸馏前期，以回收酒精为主，这时尽量使温度和压力低一点，可减少酯类的蒸出率，一般将蒸馏锅内的温度控制在95～100 ℃，压力在0.02 MPa以下较为合适。

第二阶段为蒸馏中期，以提取科涅克油为主。当蒸馏酒度降到40%时，开始出油，并浮在液面上。蒸馏过程中，要适当地提高温度和压力，一般温度控制在105～110 ℃，压力在0.03～0.05 MPa，促使科涅克油蒸馏出来。在酒度为5%～10%时出油量最大。一般在流出液的酒度到38%时，把冷却水的流速减小，控制流出液的温度为30～40 ℃（流出液的温度可防止科涅克油在冷凝器聚集），达到玻璃集油器的中部时，关闭放气阀，并继续通入流出液，同时打开出酒阀门，把分离了科涅克油的酒流走。流出液经进酒管的出口，流入导筒，含有科涅克油的油滴，沿导管上升，当从导管出来时，由于空间体积在玻璃集油器中，水酒则由出酒管流出。油水分离器内所维持的液面高度，可由放气阀控制。当玻璃集油器内的科涅克油积累到一定量时，可由放油管放出，此时要关闭进酒管，打开放气阀和放油阀门。蒸馏过程中，要适当地提高温度和压力，一般温度控制在105～110 ℃，压力在0.03～0.05 MPa，促使科涅克油的蒸出。

第三阶段为蒸馏后期，酒度降到5%以下出油越来越少。当水酒的含油甚微时，即可停止蒸馏。在停止之前，可把冷却水流速进一步减慢，使较高温度的流出液把附着在冷却管路内壁上的油滴完全冲洗出来。

3)精制与贮藏

从油水分离器流出的科涅克油含有一定量的水酒和杂质,外观看是黑色黏稠液体,需精制处理。

首先用抽滤法去掉不溶性杂质,再用玻璃分液漏斗把水酒分离掉,然后放入冰箱,在0 ℃温度下冷冻,并趁冷把白色絮状物的凝聚物及蜡质等抽滤除去。

水分会引起科涅克油变质。为了除去科涅克油中的水分,需在除去蜡质的科涅克油里,加入一定量的无水硫酸铜或无水硫酸钠,经充分摇晃后静置并澄清,吸收了水分的硫酸钠或硫酸铜被沉淀在瓶底,就可长期保存。经过精制的科涅克油必须装在棕色的玻璃瓶内并密封贮存,防止氧化变质。

【自测题】>>>

1. 葡萄酒的副产物有哪些?可利用哪些方法?
2. 葡萄酒副产物的利用和白酒副产物的利用有何区别?
3. 如何利用葡萄酒糟制作动物饲料?

实训项目6 葡萄酒糟的再发酵实验

1)实验目的

①掌握葡萄酒糟发酵食醋的方法;

②了解葡萄酒糟在发酵食醋过程中主要的物质变化。

2)实验原理

醋是指经过对高粱、鲜酒糟、麸皮等原料的碳水化合物(糖、淀粉)的发酵利用,转化成酒精和CO_2,酒精再受某种细菌的作用与空气中的氧结合生成的醋酸和水。酿醋的过程就是使酒精进一步氧化成醋酸的过程。

3)实验材料

高粱、活性干酵母(Y-ADY安琪酵母)和生料曲(鲜葡萄酒糟和麸皮)、大曲、稻壳、大缸。

4)实验步骤

麸皮500 kg,鲜酒糟250 kg,大曲10%,辅料稻壳15%~20%,高粱18%~20%,Y-ADY用量为0.5%左右,生料曲用量为0.4%左右,发酵时间为40~60 d。

葡萄酒糟的再发酵工艺流程图如图7.4所示:

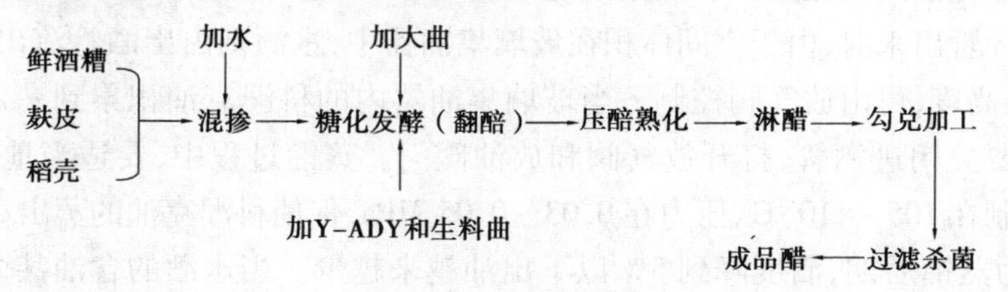

图7.4 葡萄酒糟的再发酵工艺流程图

5) 实验测定方法

①醋酸含量:中和酸碱滴定法测定。

②还原糖的含量:斐林试剂法测定。

6) 思考题

①酒糟发酵生成食醋的过程中发生了哪些主要的化学反应?

②食醋生产主要使用的酵母有哪些?

项目8

葡萄酒的再加工

【学习目标】

1. 掌握起泡葡萄酒生产技术及操作要点。
2. 掌握白兰地酒生产技术及操作要点。
3. 掌握味美思生产技术及操作要点。

任务8.1 起泡葡萄酒

起泡葡萄酒是指葡萄果汁经酵母菌酒精发酵生成的葡萄原酒，再经加糖进行密闭二次发酵，其产生的CO_2在20 ℃时的压力大于或等于0.35 MPa(≥250 mL瓶计)的葡萄酒。

各国对起泡葡萄酒中CO_2的含量要求是不一致的。欧共体规定，起泡葡萄酒的CO_2气压在20 ℃的条件下不能低于0.03 MPa，而优质起泡葡萄酒的气压不能低于0.35 MPa，但对于250 mL瓶装起泡酒，其气压可降至0.3 MPa。在美国，将10 ℃下具有1.5 am(1.52×105 Pa)的酒称为起泡酒，在此温度下的CO_2的含量接近3.9 mg/L；CO_2的含量在15.5 ℃时是1.81×105 Pa，在21 ℃是2.13×105 Pa，而在26.5 ℃则为2.43×104 Pa。但国际葡萄及葡萄酒协会的标准认为，在20 ℃时具有4.05×105 Pa才称为起泡酒，美国的标准约为其半数。

8.1.1 香槟酒

香槟酒是起泡葡萄酒的典型代表。法国政府规定，只有法国香槟地区生产的起泡葡萄酒才能被称为香槟，而其他地区或国家出产的同类产品，只能被称为起泡葡萄酒。香槟酒是一种高级起泡葡萄酒，是葡萄酒中最名贵的品种。由于香槟酒已有300多年的历史，名气大，因此目前世界上已有很多个国家生产起泡葡萄酒。有的国家已把“香槟”这两个字作为酒名，如美国大多数起泡葡萄酒称为香槟酒，美国酒法规定，但必须在香槟酒前标注产地名称，如加利福尼亚“香槟酒”、美国“香槟酒”等。意大利、西班牙等国的起泡葡萄酒不叫香槟酒，意大利叫“Spumasnti”、西班牙叫“Cava”，我国为遵守巴黎公约，不允许把起泡葡萄酒叫“香槟酒”。香槟酒的酒度，一般在11%～15%，也有加强型的起泡酒，这种高度数的起泡酒一般在酒瓶正标的左下角都标注明确。

香槟酒的分类方法如下：

第一种方法可按其所含糖分的多少来划分：含糖在0.5%以下都称为极干香槟酒；含糖在0.5%～3%，称为半干香槟酒；含糖在3%～4%，称为半甜香槟酒；含糖在8%左右，称为甜香槟酒；含糖量更高时，则称为极甜香槟酒。

第二种方法是按产品的色泽来划分：与葡萄酒相同，根据色泽起泡葡萄酒可分为白、红、桃红3种。

第三种方法是按酒中的CO_2的来源划分：

①酒中CO_2是由第一次发酵残留糖分的再发酵生产的。

②酒中CO_2是从苹果酸-乳酸发酵获得的。

③酒中CO_2是加入白砂糖进行第二次发酵生产的，世界上大部分起泡葡萄酒都属于此类。

④酒中CO_2是人工添加的这种工艺称为充气法。

第四种方法是按香槟酒的生产方式，大体可分为：瓶内发酵法、大罐发酵法、人工充加CO_2气体法(充气法)。

根据法国的传统经验，认为瓶内发酵所制香槟酒，在质量上较大罐发酵法的产品为优，所以法国的名产香槟酒，仍维持原有的瓶内发酵方式，不愿轻易改用大罐法。利用充气法生产的香槟酒，一般属于大路货，就地销售为主。

8.1.2 香槟酒的生产工艺

1)原酒酿造

(1)工艺流程

原酒酿造的工艺流程如下：

葡萄⟶分选⟶破碎⟶压榨⟶加 SO_2、Vc、果胶酶⟶离心⟶低温发酵⟶葡萄原酒处理⟶勾兑。

(2)生产要求

①葡萄挑选。采摘的葡萄必须进行分选，使之达到新鲜度好，色泽鲜艳，果粒透明，果肉有弹性，含糖量为 18 ~ 20 Bx，总酸为 5 ~ 8 g/L 的标准，并且采摘后的葡萄应在当天破碎，籽实不能压破，果梗不能碾碎。

a. 制造香槟酒的葡萄品种主要有 3 个：黑品乐、霞多丽、白山坡。黑品乐黑皮白汁，制造的原酒质地醇厚，酒体丰满有骨架，陈酿以后，酒香扑鼻。霞多丽是白葡萄品种，能酿出高质量黄绿色的葡萄酒，酿制的香槟酒具有精细洁白的泡沫。白山坡酿制的原酒果香优美，陈酿迅速，但品味较淡。

b. 酿造起泡葡萄酒的葡萄最佳成熟度应满足以下条件：必须在完全成熟以前采收，应严格避免过熟；含糖量不能过高，一般为 161.5 ~ 187.0 g/L 可产生的自然度为 9.5% ~ 11%；含酸量相对较高，因为酸是构成成品“清爽”感的主要因素，也是保证稳定性的重要因素；葡萄成熟系数(糖/酸)一般为 15 ~ 20 g/L，总酸(硫酸计)为 8 ~ 12 g/L(苹果酸占 50% ~ 65%)。

②破碎。葡萄破碎时添加 60 mg/L 的 SO_2 和 100 mg/L 的抗坏血酸，防止破碎的葡萄汁浆与空气接触发生氧化。同时，要控制出汁率为 50%，若大于 50%，则葡萄果汁杂质多，质量差。

③压榨。压榨是制造高质量香槟酒的重要工序，特别是利用红皮葡萄品种酿造起泡葡萄酒，压榨是决定葡萄原酒质量的重要因素。

严格分流自流汁和压榨汁，是获得高质量香槟酒的重要手段之一。制作香槟酒通常采取的分流比例是 4 000 kg 葡萄，初流汁 200 L 占 5%，自流汁 2 050 L 占 51.25%，第一次尾汁 400 L 占 10%，第二次尾汁 200 L 占 5%。只截取自流汁作香槟原酒。

(3)葡萄汁的处理

①SO_2 处理。在取汁以后，SO_2 处理应尽早进行。一般在压榨出汁的同时加入，并使 SO_2 与葡萄汁充分混合。各国使用 SO_2 浓度有所差异，一般为 30 ~ 100 mg/L。

②澄清处理。澄清处理的目的是除去呈悬浮状态的大颗粒葡萄皮肉和部分氧化酶，降低铁的含量，提高葡萄原酒的质量。在葡萄果汁中添加 40 mg/L 的果胶酶，使之将存在的果胶质分解成半乳糖醛和果胶酸，以有利于葡萄汁的黏度下降，增强澄清效果。

澄清方法因地而异。如果葡萄酒中杂质含量较少，采收季节气温较低，可采取加 SO_2(6 g/100 L)的同时加入皂土-酪蛋白 50 g/hL，静置澄清 12 ~ 15 h，效果良好。如果杂质较多，压榨后立即对葡萄汁进行离心分离处理,然后在0 ℃左右处理几天,再用硅藻土过滤机进行过滤。

③调整成分:按照要求产生的酒精度为9.5% ~11%,糖酸比15~20,添加白砂糖或柠檬酸调整糖度和酸度。

(4)酒精发酵

将离心处理的葡萄汁升温或降温至15~20 ℃,置于发酵罐中。装罐量液面应距发酵罐顶50 cm处,接入5%的纯种酵母或0.1%活化后的干酵母,进行低温发酵。发酵初期,酵母繁殖较慢,发酵温度可以略高,3~4 d后,发酵进入旺盛期,耗糖较快,温度可以略低。发酵过程要控制发酵速度。经15 d左右的时间发酵结束后,及时补加40%的SO_2,使发酵液中的杂质和酵母泥静止沉降。在整个发酵过程中,发酵液应尽量少与空气接触,防止氧化,使葡萄本身具有的果香最大限度地保留在酒中。发酵结束后,根据含酸量的高低引导或是抑制苹果酸-乳酸发酵,苹果酸-乳酸发酵对含酸量高的原酒是有利的,而对含酸量低的葡萄原酒则是不利的,它使产品缺乏“清爽感”,造成澄清困难和产生氧化味感等弊病。

过去原酒发酵容器为橡木桶或水泥池,采用外冷却控制温度;现在多用100 m^3以上的不锈钢罐或加涂料的碳钢罐,这些设备内部都安装有冷却管或外部焊接有冷却带,便于控制温度。

(5)原酒处理

①在酒精发酵结束后,立即转罐(换桶),将葡萄酒与酒脚分离。

②澄清处理。一般采用加单宁-蛋白下胶进行澄清,单大容器贮藏使用下胶澄清效果较差,常用硅藻过滤盒离心处理进行澄清。

③冷处理。人工冷处理可使酒石酸盐部分氮化物和铁复合物沉淀,提高原酒的澄清度和物理化学稳定性。处理方法一般在-4.5 ℃条件下保持6~8 d,趁冷过滤至清。

④防止氧化。为了使二次发酵顺利进行,在贮藏过程中,SO_2的使用量一般很低,难以防止葡萄原酒的氧化。因此许多国家如阿根廷、西班牙、德国等,除在酿造过程中尽量防止葡萄原酒与空气接触外,都使用CO_2或氮气封罐贮藏。

(6)勾兑

为了获得高质量的产品,事先进行勾兑和品尝决定。在二次发酵前将不同品种,不同年份的原酒进行勾兑,然后进行冷处理。在香槟地区勾兑后的原酒总酸(以硫酸计)为4.5~6 g/L,pH值为3.0~3.15,以保证起泡葡萄酒具有清爽感。

酿成的葡萄原酒度要达到9% ~11%(V/V),总糖(以葡萄糖计)为≤4 g/L,总酸(以酒石酸计)6 ~7 g/L,游离SO_2≤30 mg/L,挥发酵(以乙酸计)≤0.8 g/L,铁≤5 mg/L。

2)气体的产生及第二次发酵

起泡酒主要有3种生产方法:瓶内发酵法、罐内发酵法、充气法。瓶内发酵法又分为传统法或香槟法,或叫原瓶发酵法和转换法。法国50%以上的香槟采用原瓶发酵法,而苏联却有95%以上的香槟采用罐内发酵法,美国、意大利也是以罐内发酵法为主。

二次发酵的工艺流程为:

原酒⟶加糖⟶加酵母⟶装瓶压盖⟶堆放⟶瓶内发酵⟶瓶架转瓶、后熟⟶转移机⟶微孔过滤⟶灌酒、装瓶⟶压盖、捆铁丝扣⟶成品。

(1)瓶内发酵

①原酒混合。原酒经冷冻过滤后,泵入混合罐中,加入人工培养的酵母、特制的糖浆和其他有利于二次发酵和最终排除沉渣的添加剂。按每升原酒用糖24~25 g/L的配方,在瓶内加上原酒、糖浆和二次发酵酒母,使之分布均匀。所用二次酵母必须具有耐压、抗酒精能力强、体积大、酵母代谢产物风味好等特性。

添加酵母:在香槟地区,选择第二次发酵的酵母的主要标准是在酒精溶剂中有再发酵能力;在低温(10 ℃)时有发酵能力;发酵彻底,对摇动的适应能力。

大多数酵母液是用活性干酵母制备,其制备方法:第一步:将1 kg干酵母加10 L水,保温35 ℃,12 h;第二步酒精适应,10 L活化酵母加糖浆(500 g/L)7.5 L、葡萄酒12.5 L、磷酸氢二铵100 g,在20 ℃左右维持24 h;第三步酒母制备,30 L上述制备液,加糖浆40 L,葡萄酒430 L,保持温度20 ℃培养2~3 d,酵母细胞数量约为108个/mL,降温至13~15 ℃,即可用于生产。

添加糖浆:是将甘蔗糖溶解于葡萄酒中而获得的,其含糖量为500~625 g/L。糖浆添加量的准确与否是二次发酵成败的关键。添加少了,瓶内压力不足;加多了,压力超过,使瓶子破损。因此,要求准确计算和计量。一般情况下,在酒窖中,每1 L添加4 g糖浆可产生0.1 MPa的气压。因此,在原酒残糖不高的情况下每1 L添加24 g糖浆可使起泡酒达到0.6 MPa的气压。根据研究得出,加糖量与原酒的酒度高低有关。在原酒混合时添加的辅助物包括下述两大类:

利于酒精发酵的营养物,主要是铵态氮。磷酸氢二铵用量一般为15 mg/L,也可用硫酸铵代替,用量一般为50 mg/L。有的添加维生素B_1。

利于澄清和去渣的物质,主要是皂土(0.1~0.5 g/L),有时添加海藻盐(20~50 mg/L)。

②装瓶和密封。封住瓶盖,套上铁丝扣,将瓶子堆放好,进行二次发酵,经过10 d左右,再进行一次倒堆,把瓶子一个接一个地倒一下,使沉淀于瓶底的无力的酵母重新悬浮于酒液中,促使其获得新的力量重新发酵,将剩余的残糖消耗掉。

首先要准备好灌装和密封用的玻璃瓶、皇冠盖、塑料内塞。玻璃瓶分750、350 mL两种,要求耐压1.96 MPa以上,要严格要求瓶口的大小和形状,装瓶前要逐个检查;并洗刷干净,沥干备用。皇冠盖比软木塞成本低,不需要进口,而且具有密封性能好、密封盒除渣操作方便等特点。因此,目前大都采用皇冠盖而不用软木塞密封。塑料内塞的作用是斜沉时让沉淀物集中在内塞内,有利于制造冰塞而把沉淀物全部彻底地除去。采用人工或灌装机进行灌装。

瓶内发酵,把装好的酒瓶子运送到酒窖中,水平地堆放在木条上,进行瓶内发酵。酒窖温度要求在10~15 ℃,堆放时间最少9个月,最多达20年。

③斜沉。当堆放的瓶内酒发酵结束后,CO_2含量将达到所规定的标准。此时可将酒瓶放在一个特制的酒架上后熟。酒架可以是木制的,它的倾斜度应是能够调节的。经每天一次的转动,连续20 d后能使酒瓶垂直,倒立在酒架上,这样做的目的是将酒中的酵母泥与其他沉淀物集中在酒瓶口处,以便除去。

④喷渣。过去采用人工喷渣,目前已采用冰塞法除渣,方法是将瓶酒倒插入30 ℃冰水内,使瓶口的内塞、酒液、沉淀物迅速形成一个约25 mm长冰塞,然后打开盖子,去掉冰塞。

⑤补液。虽然冷冻可限制CO_2的逸出,但去除塞子时仍会减少98 kPa左右的压力,并喷

出少量酒液,且能引起氧化,提高氧化还原电位,影响酒的香气。为解决这些问题,根据产品含糖量的要求,补充已转化好的糖浆,使酒的糖酸比协调,并在调糖浆的同时加入 SO_2,使总 SO_2 含量达到 80 ~ 100 ppm。

瓶内发酵中转换法的主要工艺流程如图 8.1 所示。

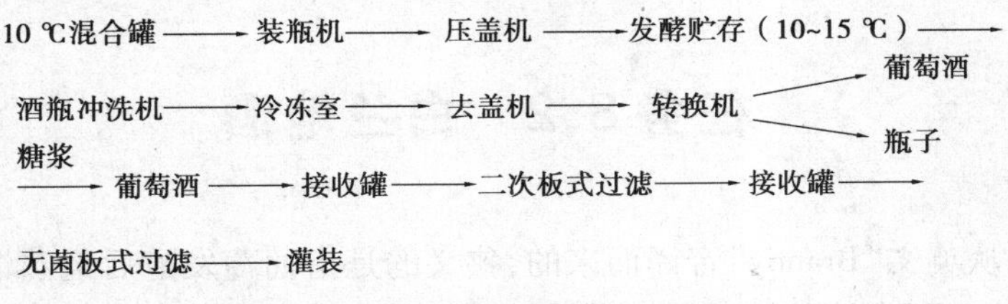

图 8.1　转换法酿造香槟酒工艺流程图

转换法的主要操作要点如下所述:

从原酒酿造、混合至瓶内发酵结束,与香槟法差异不大。只在原酒混合时一般不加入澄清剂,装瓶时不加塑料内塞。

①转换。瓶内发酵结束后,将酒瓶转入分离车间。先将酒瓶通过冷冻槽冷却至-3 ℃,用卸帽机除去皇冠盖,通过自动等压倒瓶装置将瓶内葡萄酒倒入接收罐中,接受罐为双层,并有搅拌器,且事先充入氮气或最好是 CO_2 气体,其气压略低于酒瓶内的气压,以便将葡萄酒完全倒出。

②调整成分,添加 SO_2,同香槟法。

③冷冻和过滤。如果葡萄原酒已经经过冷冻处理,冷冻温度达到 0 ℃即可;原酒未经过冷冻处理,为保证酒石酸盐的稳定,冷处理温度降至-4 ℃并保持 8 ~ 12 d,趁冷过滤。第一次过滤采用硅藻土和纸板过滤,如果酒色泽深,可添加适量的活性炭,主要是除去酵母细胞和固体颗粒物质,使其澄清透明。第二次只用隔菌纸板过滤,到达无菌要求后进行装瓶。

(2)罐内发酵

香槟法二次发酵工艺复杂,建厂投资和占用流动资金大,技术要求高,劳动强度大,只适于传统的名牌产品。为了降低成本,缩短酿造周期,简化酿造工序,适应工业化大生产的要求,许多国家采用罐内进行二次发酵的方法。

①发酵罐。发酵罐采用不锈钢或碳钢(涂料)制造,体积 20 ~ 30 m^3 耐压 0.9 MPa 以上。为了控制发酵温度和发酵结束后冷冻的需要,做成夹层带冷却带,并配装压力计、测温计、安全阀、加料阀、出酒阀、取样阀、压缩空气反压阀等设施,有的还配备低速搅拌器。

②主要操作。

a. 配料和发酵、原酒澄清、酵母制备、糖浆制备、添加剂等,同香槟法。原酒及配料从发酵罐底部进入,排出空气,酒液装至罐体积的 95%,密封发酵 2 ~ 3 周,压力达到 0.6 MPa,整个过程中通过夹层或冷却带输送冷液,使罐内温度保持在 18 ~ 20 ℃。

b. 通过夹层或冷却带流动冷却器进入冷液,使已被 CO_2 饱和的葡萄酒冷冻-6 ℃,并保持 10 ~ 14 d,趁冷二次板式过滤,使酒澄清透明。

c. 无菌过滤及灌装。澄清的葡萄酒根据产品质量要求,加入糖浆调整糖度,补充 SO_2,然后进行无菌过滤和灌装。

(3)充气法

这是简单、最快的酿造起泡酒的方法。原酒混合、澄清处理同香槟法相同,它最大的特点是将葡萄酒冷却至0~2 ℃,采用汽水混合器或汽水填料塔,使葡萄酒杯 CO_2 饱和,然后灌装。生产的起泡酒、泡沫粗、持久性差,但成本低,若采用优质原酒,也能作出好的起泡酒。

任务8.2 白兰地酒

白兰地酒是从英文"Brandy"音译而来的,狭义的是指葡萄发酵后经蒸馏而得到的高度酒精,再经橡木桶贮存而成的酒。它是一种蒸馏酒,是以水果为原料经过发酵蒸馏贮存而酿造成的。采用葡萄为原料的蒸馏酒称为葡萄白兰地酒,平常所说的白兰地酒一般是指葡萄白兰地酒。其他水果酿成的白兰地酒应加上原料水果的名称,如樱桃白兰地酒、苹果白兰地酒等。

白兰地通常被人称为"葡萄酒的灵魂"。白兰地酒具有悠久的历史,现已发展成为世界性的饮料酒,许多国家都建立了专门的白兰地酒工厂。世界上生产白兰地酒的国家很多,但以法国出品的白兰地酒最为驰名。而在法国产的白兰地酒中,尤以干邑地区生产的最为优美,其次为雅文邑(亚曼涅克)地区所产。除了法国白兰地酒以外,其他盛产葡萄酒的国家,如西班牙、意大利、葡萄牙、美国、秘鲁、德国、南非、希腊等国家,也都有生产一定数量风格各异的白兰地酒。独联体国家生产的白兰地酒,质量也很优异。

8.2.1 白兰地酒的酿造工艺

1)葡萄品种

葡萄品种的芳香是白兰地香气成分的重要来源。葡萄品种含有的芳香成分,在发酵过程中,由于酵线菌及其他微生物的作用,转移到葡萄原酒中,通过蒸馏,这些芳香成分,又从葡萄原酒转移到原白兰地中。

不是所有的葡萄品种都适合加工白兰地。适合加工白兰地的葡萄品种,在浆果达到生理成熟时,都具有以下特点:糖度较低;酸度较高;具有弱香型或中性香型;丰产抗病。酿造白兰地的葡萄,最好栽培在气候温和、光照充足、石灰质含量高的土壤中。

在法国科涅克地区的葡萄园内栽植着各种品种的葡萄,用这里的葡萄生产出的白葡萄酒是酿造科涅克的原料葡萄酒。酿造科涅克的主要葡萄品种是白玉霓,占葡萄原料的90%。白玉霓是个晚熟品种,具有良好的抗病性能。酿造科涅克的辅助品种是白福尔和鸽笼白,这两个品种占葡萄品种的10%。

我国为了酿造白兰地的需要,近几年大量引进白玉霓。目前,我国现有的葡萄品种中,白羽、白雅、龙眼、佳利酿、米斯凯特等品种,比较适合做白兰地。我国20世纪70年代初已从欧洲引进这3个品种,在烟台地区进行了试栽,生长良好。现已在国内大面积栽培,并进行推广。根据烟台张裕公司及北京东郊葡萄酒厂等单位多年来研究生产白兰地的试验证明:白羽、白雅、龙眼等品种,也适合酿造白兰地酒。

2)白兰地酒生产工艺流程

白兰地酒生产工艺流程如图8.2所示。

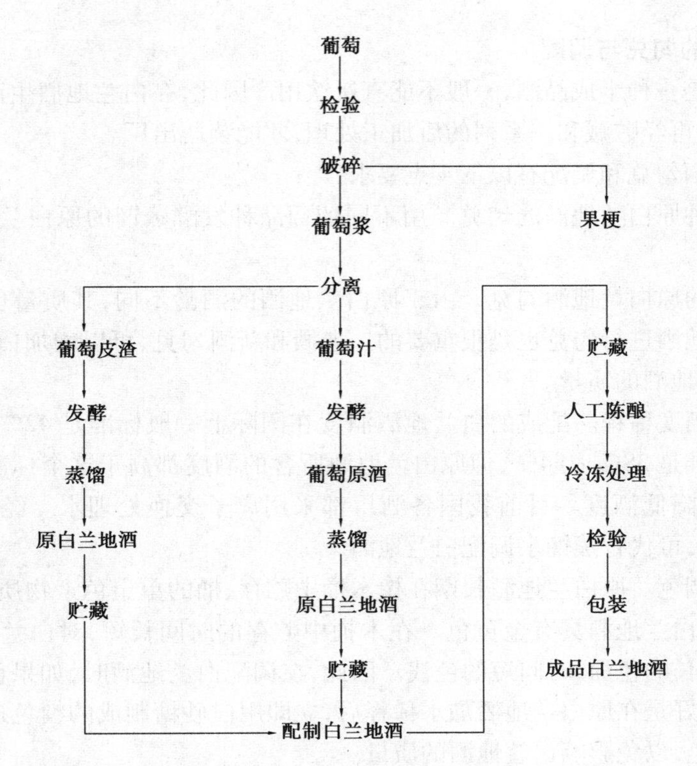

图 8.2　白兰地酒生成工艺流程图

3) 白兰地酒的原料酒发酵方法

制造白兰地酒的原料酒，用白葡萄酒比红葡萄酒好，因为白葡萄酒是采用皮渣与葡萄汁分离发酵的，酒中单宁低，总酸高，杂质少，蒸馏的白兰地酒醇和柔软。原料酒的发酵工艺与传统法生产的白葡萄酒相同。发酵温度控制在 30 ~ 32 ℃，发酵 4 ~ 5 d。当发酵完全停止时，残糖已达到 0.3% 以下，在罐内进行静止澄清，然后将上部清酒与酒脚分开，清酒与酒脚分别单独蒸馏。

发酵过程中不允许加 SO_2，原因有以下两点：

①原料酒中含有 SO_2、蒸馏出来的原白兰地酒中，带有硫化氢臭味。

②在蒸馏过程中，SO_2 会腐蚀蒸馏设备。SO_2 在发酵和蒸馏过程中，会有硫醇类（RSH），使白兰地酒带有恶劣的气味。

4) 白兰地酒的蒸馏方法

蒸馏是将酒精发酵液中存在不同沸点的各种醇类、酯类、醛类、酸类等物质，通过不同温度，用机械方法从酒精发酵液中分离出来的方法。近百年来，由于机械工业的发展，蒸馏技术已从简单的发展成为复杂的。白兰地酒是一种具有特殊风格的蒸馏酒，它对于酒度要求不高，一般在 60% ~ 70% 的酒精度，能保存它固有的芳香，因此白兰地酒的蒸馏方法至今停留在壶式蒸馏机上。世界著名的科涅克白兰地酒一直采用壶式蒸馏法制造。因为目前各种塔式蒸馏机生产出来的白兰地酒都不如壶式蒸馏机生产出来的白兰地酒好。采用壶式蒸馏机是直接用火加热进行两次蒸馏的方法。第一次蒸馏得到粗馏原白兰地酒，不掐头去尾，酒度 26% ~ 29%；然后再进行第二次蒸馏，必须掐头去尾，取中间蒸馏酒，酒度 60% ~ 70%，即为白兰地酒。将切取的酒头酒尾混合一起，再入蒸馏锅内重新蒸馏。

5）白兰地酒的勾兑与调配

原白兰地酒是一种半成品酒，一般不能直接饮用。因此，在白兰地酒生产过程中，勾兑与调配变为成品酒，再经贮藏和一系列的后加工处理，才能装瓶出厂。

对原白兰地酒勾兑和调配有以下4点要求：

①对不同品种原白兰地酒的勾兑。用不同葡萄品种发酵蒸馏的原白兰地酒质量是不一样的。

②不同酒龄的原白兰地酒勾兑。由于原白兰地酒的酒龄不同，其质量也不同，因此用不同酒龄的原白兰地酒进行勾兑也是很重要的。老酒和新酒勾兑，可以增加白兰地酒的陈酒风味，以提高新白兰地酒的质量。

③原白兰地酒度稀释。配成的白兰地酒酒度在国际上一般标准是42%～43%。我国白兰地酒的酒度标准是38%～44%，但原白兰地酒所含的酒度都高于这个标准，因此在调配时就必须加水稀释，降低酒度。目前我国各酒厂都采用离子交换处理水。经处理的水硬度降低，水的质量较好，可代替蒸馏水调配白兰地酒。

④白兰地酒调色。原白兰地酒长期在橡木桶中贮存、桶的单宁色素物质溶解到原白兰地酒中，使无色的原白兰地酒具有金黄色。在木桶中贮存的时间长短，对白兰地酒色泽的深浅有影响，贮存时间长的色深，时间短的色浅。因此，在调配白兰地酒时，如果色泽不符合标准，必须进行调色，最好是在原白兰地酒加水稀释后，立即用白砂糖制成的糖色进行调正，但不能用合成的色素调色，以免影响白兰地酒的质量。

8.2.2 白兰地酒的贮藏

新蒸馏的原白兰地酒是无色的，同时香气不足，味道辛辣不协调，因此需要在橡木桶内经过长期贮藏陈酿。在橡木桶中长期贮藏的过程中，由于氧化作用，促使白兰地酒中各种成分发生复杂的化学变化和物理变化，并不断地从木桶中吸取一系列的芳香物质和色素物质，改变白兰地的色泽和风味，使白兰地酒变得金黄透明、高雅柔和、醇厚成熟，成为优质陈酿佳酒。

较好的白兰地酒最短也要贮藏两年以上，高档白兰地酒贮藏时间长达10年以上，这不仅占用很多贮藏容器和场所，而且生产周期长，积压流动资金。因此，如何缩短酒龄而又能达到长期贮藏的效果，已成为目前白兰地酒生产研究的重要课题。

1）白兰地酒贮藏的容器

白兰地酒贮藏的容器主要是橡木桶。橡木桶板材的质量与白兰地酒的质量有直接关系，法国科涅克白兰地酒厂，选用栗木森省出产的橡木加工白兰地酒桶。不同的国家和不同的酒厂对木桶形状和容量的大小的要求都有不同。法国和西班牙等国多采用250～350 L的鼓形桶，我国使用的橡木桶大部分是鼓形的，容量最大的为3 000 L，最小的为350 L。

新加工的橡木桶，因为木板中含有水溶性和醇溶性两种物质，使用前必须先用水处理、排除水溶性的单宁，然后再用65%～75%的酒精浸泡15～20 d，以排除醇溶性的单宁物质，以免影响白兰地酒的质量。我国很早也采用新老桶交替贮藏白兰地酒的方法，这样可以促使新白兰地酒得到更好的成熟效果。

水泥地或大型不锈钢罐也都可做贮藏白兰地酒的容器。为了使水泥地或不锈钢罐贮藏的白兰地酒获得与橡木桶贮藏的同样效果，必须根据水泥地或不锈钢罐的容积计算出白兰地酒与橡木桶接触棉结，根据其面积的大小，确定橡木板的规格，然后将木板处理好放入池中或罐内。这样贮藏的白兰地酒，也能起到橡木桶贮藏近似的效果。

2）白兰地酒的贮藏管理

（1）贮藏室的要求

白兰地酒的贮藏室应保持适当温度和湿度，室温过高会增加贮藏损耗，室温过低则不能进行正常的老熟，最适宜的室温是15～25 ℃，相对湿度在75%～85%，白兰地酒桶应放在酒窖上，不应放在酒窖下贮藏。因为地下酒窖通风不良，不能使白兰地酒充分氧化，影响老熟。国外很多白兰地酒厂，白兰地酒调配与贮藏工序均在酒窖上面进行，在温度变化和通风的作用下，能促使白兰地酒加速成熟。

（2）贮藏年限的规定

贮藏期长短决定白兰地酒的质量。贮藏时间越长，白兰地酒的质量越好。

在白兰地国家标准GB 11856—1997中将白兰地分为4个等级，特级（X.O）、优级（V.S.O.P）、一级（V.O）和二级（三星和V.S）。

目前，我国白兰地酒龄并未统一规定。生产厂家按白兰地酒质量自己控制。一般酒龄在3年以上，优质白兰地酒龄可达到5年以上。

任务8.3 味美思酒

以葡萄酒为酒基，添加芳香植物的浸提液，或直接用葡萄酒浸泡这些芳香植物或药用植物，而制成的增加香味的酒，总称为加香葡萄酒。味美思酒（万谋得）或苦艾酒是一种加香葡萄酒，属于利口葡萄酒或开胃酒，因为在制造过程中，添加芳香植物的抽出液或药用植物的抽出液，风味特殊，功效特殊。

国外生产葡萄酒的国家，都生产一定数量的味美思酒，最有名的为意大利、法国。几个世纪以来，传统的味美思酒是家庭手工业的产品，因此，制酒经验、技术的传播和发扬，受到“绝对保密，绝不外传”的约束和影响。意大利以生产味美思出名，一般酒精浓度为15%～17%（体积分数），还原糖浓度为12%～19%。法国生产的味美思比较干，酒精浓度较高，普通为18%～20%（体积分数）和4%总糖，适于做鸡尾酒。

8.3.1 味美思酒的传统配料

加香葡萄酒的配方历来保密，味美思酒也如此。味美思酒大都依照自己长期的实践经验进行制备。生产厂家各有配方，所制产品各有各的口味，彼此并不交流自己的成熟经验，更谈不上名酒的配方了。用历史的眼光看，味美思酒是近百年的生产实践和摸索研究的成果，耗费时间长，花费的成本高，配方价格高昂，工艺保守，所以现代的工厂主们都不愿意创新的酒种，只靠秘方，牟取专利。久而久之，限制了酿酒科学的进展。因此，对于味美思酒的口味和香气方面，现代的科学技术水平，尚不能保证获得在制造过程中的自由性，即在味美思的口味和香气方面，尚不能控制和说明其确切的平衡性，只能依靠祖传的老经验办事。虽然味美思的组成总是葡萄酒、芳香抽出物、饮料酒精、少量糖分，有时使用焦糖色；但其成品的口味和香气总是各有千秋，很难做到化学元素合成产品那样，规格一律，性质一律，效用一律。

制造品质优良的各种味美思酒，使用什么葡萄酒、芳香植物、饮料酒精，多少糖分，多少焦糖色素，其彼此的配料比例如何，怎样才能使其彼此结合得恰到好处，这些奥妙和技巧需要长期的生产时间经验积累，才能逐渐掌握。因此，配制味美思酒想从必然王国进入自由王国，需要在科学研究方面做出很大的努力。

传统味美思工艺及其配料方法如下：

1）葡萄酒

从数量上讲，葡萄酒是味美思的最主要的组成成分。法国的酿酒法明文规定配料中至少要用80%（体积分数），意大利则为75%；因此，葡萄酒的质量决定着最后的成品酒的质量。

制备味美思酒时用作"基酒"的葡萄酒通常是一种白葡萄酒，其香气及口味是中性的（便于芳香抽出物能够充分发挥更好的芳香口味）。其酸度恰巧是合适的，其酒质是健康的、老熟的而且完全是稳定的。这个酒基（或白葡萄酒）是由合理选择的一批葡萄酒经过勾兑而成的；这样，就能保证年年具有恒定的酒基质量。因此，葡萄酒的选择工作是最基础的工作。

2）芳香植物

促使味美思具有令人喜悦的香气和发生典型的口味，主要来自配料中的芳香植物（或提取其香料，或取其叶片、花朵、种子、根、地下茎以及树皮等）。

由于芳香植物的种类很多，天然香料的种类也不少，又由于各酒厂所用的配料方案是商业保密，因此，要写出一张详尽的配料统计表是比较困难的。

3）酒精

制备味美思的过程中要使用酒精。不是任何酒精都合格。所用酒精，要完全适合于各国的酒精法规的要求。制备味美思酒所用的酒精是纯度很高、极度中性、特别精炼的粮谷酒精。味美思酒中所用酒精量约为8%（体积分数）。

4）糖分

为了使味美思酒获得需要的糖分，人们就在葡萄酒酒基中添加混成葡萄酒或麝香葡萄酒或优质白砂糖。法国早在1930年就立法规定，在制造味美思及其他以葡萄酒为基础的开胃酒时，不准使用人工甜味剂，只允许使用砂糖、葡萄糖及浓度超过14%的浓缩葡萄汁。

砂糖可以是甘蔗糖，也可以是甜菜糖。在制造味美思酒时，最优良的甜料是砂糖。砂糖能消除某些物质的一些不良的苦味，可减轻酒体入口对于口腔的刺激性。砂糖可以使酒味丰满、坚实和柔软。而且砂糖也证明可以固定一些香气。因此，砂糖在制备味美思酒的工艺中发挥着重要的作用。一般甜味味美思酒含有糖分14%以上，干味味美思酒则含糖分小于4%。

5）焦糖色

红味美思酒的漂亮酒色是焦糖色产生的，一般呈琥珀色；因为味美思是从白葡萄酒出发做成的，不加焦糖色，一般呈现黄色。制备味美思酒，唯一允许使用的着色剂是焦糖色。在味美思酒中，一般不使用胭脂红，更不允许使用任何人工着色剂。制作焦糖色，只允许利用加热法，不使用任何触媒。

焦糖色在制造味美思酒的过程中不单是起着色作用，还有其他作用。如：

①赋予这种开胃酒以一种特殊的口味。

②增加这种开胃酒的酒体和柔度。

③使这种开胃酒具有恰当的烧焦味，借以突出味美思的特点。

但是,制备焦糖色是很困难的,一般只是通过煎熬法来获得焦糖色。需要 8 h 以上的时间。不添加任何其他物质,将蔗糖缓慢加热和煎熬到 160 ℃;蔗糖在高温下发生缩合,逐渐变成了一堆黏稠物质,成为焦糖。合格的焦糖呈棕色,略带苦味、具有浓郁的焦香味。

生产焦糖色操作员工要具有丰富的经验和高超的操作技能;温度和加热时间的控制对糖色的质量至关重要。若加热温度略高一点,或者加热时间略长一点,就会产生一种焦苦味,酒色泽偏深;它在葡萄酒中就成为不溶性的物质,而失去透明度;若加热温度偏低或加热时间偏短,焦糖缩合度低,色泽浅、香气差,加入酒中也会影响味美思的质量。为了使味美思酒在配料过程中取得良好的结果,应尽量使用上述 4 种配料彼此完全混合起来;4 种配料的加入量不仅应符合酿酒法的规定,还应充分体现出味美思的特点,这需要经过许多次实践经验的积累。

8.3.2 味美思酒的配制方法

在混合和交合味美思酒的各个组成成分以前,预先要把作为酒基用的葡萄酒与作为香味用的芳香植物再进行处理。

1)葡萄酒的加胶澄清法

作为酒基用的葡萄酒,虽然来自清明的葡萄酒,但因经常带有一点儿浑浊或轻度的失明,所以需要做好澄清工作,以便达到晶亮状态。

在保存葡萄酒的酒池中,添加少量的明胶,采用一次加胶法,以便获得澄清作用。在加胶时,可加皂土或者不加皂土。加胶后,胶体抽取和吸附全部的葡萄酒杂质,形成酒泥,沉积在池底。将加胶后形成的酒泥与葡萄酒分开,即可获得晶亮的葡萄酒。

2)从芳香植物制取芳香抽取物

所有芳香植物都不能照原样使用,它们都应以抽出物的形式(即醇化物)混合在葡萄酒中。制取芳香抽取物主要有以下 5 种方法:

(1)静浸法

静浸法就是把芳香植物直接盛放在浸渍槽或池中直接静止浸泡。

(2)动浸法

这种方法应用最广泛。其方法是将全部芳香植物盛放在一只浸渍槽或浸渍池中,加满酒精溶液(即为酒精与葡萄酒的混合液),浸泡 8 ~ 15 h;每天应将芳香植物翻动 2 次,务使原料全部浸没在液体中。这种方法所得抽出液含有酒度 45% ~ 55%,呈琥珀色,带着绿色的反映底色,具有浓郁的芳香和极苦的口味。

(3)渗滤法

渗滤法是在倒置的圆锥形桶或圆形桶内进行的。桶内都装有可移动的假底或滤筛。它与动浸出的区别是不用溶剂把芳香原料一下全部遮盖起来,或一下就浸没起来,而是首先用少量溶剂将原料湿润,然后用其余溶剂慢慢流过芳香,完成提取工作。这个提取方法,操作手续比较繁杂,酒精损失量大,因此实际生产中很少采用。

(4)消化法或煮解法

与动浸法的区别只是温度的不同,消化法是在 69 h 进行的动浸法。因为在高温下,浸提速度快,能够在 24 h 内完成提取。消化法或煮解法所得到的抽出液,比动浸法所获得的芳香抽出物质质量差;因为在高温条件下,芳香物容易恢复损失,且易发生氧化等不利反应,使芳香浸提物的质量降低。所以味美思酒厂为了获得优良的芳香抽出物，一般采用动浸在常温下浸提芳香物质。

(5)蒸馏法

运用蒸馏法能从芳香植物中分开不挥发的固定物、取得比较，纯粹的香精或芳香成分。

总之，不论采用何种方法取得芳香抽取物，均可使味美思酒同时获得良好的香气和满意的口感。

3)各种配料的混合

对于各种配料的混合，没有什么特殊要求，一般的混合方法是利用特制的混合桶、一套泵和管道，系统地来完成这一混合操作。混合桶有多种式样，有溶解桶、缓冲池或装有螺旋搅拌器的搪瓷罐、搪玻璃罐。混合时，当依照规定的配方，按规定的比例，将味美思酒的配料全部混合在作为酒基用的葡萄酒中。

混合开始，应先将砂糖全部溶化在葡萄酒中，再加入精馏酒精，然后分批、分期加入芳香抽出物，最后添加焦糖色，制成红味美思酒粗品。然后，全部混合物以极慢的速度进行翻拌，持续 2 d之久，才能获得均匀一致的混合液及新酒。

因为全部混合操作程序都是在密封的循环系统中进行，并不接触空气，因此，各种配料所具有的香气和口味，都可保存着它们原有的芳香程度和口味强度。

新酒在粗制的初生状态，发出的香气和口味是完全没有秩序的，并不适应众所周知的香气要求和口味要求。为了协调、和谐这种新酒的香气和口味，应将其贮存老熟数个月(习惯为3~4个月，很少超过6个月)。

新酒在老熟过程中，各种酒香和酒味常常是相互冲突、彼此发生矛盾的，有的减退，有的增强，逐渐变化，最后达到辩证统一。

在出现一个新的香气之前，常会经历一套逐步变为牢固的反应过程；新的香气在形成初期是微弱的、拘谨的，以后就逐渐变得强烈些、牢固些。其他香种，也以此类推。此后，味美思酒的香气和口味达到了恰当的平衡状态，各有其典型性。

4)味美思酒的稳定

味美思酒在老熟过程中经过数个月的静止存放以后，还需要一系列的稳定处理，即冷处理和热处理。

为了使味美思酒能够忍受低温的刺激而不发生沉淀，需将味美思酒进行冷冻。味美思酒在-8 ℃或-9 ℃冷冻10多天。通过这一冷冻处理，可以促使味美思酒的部分物质迅速沉淀；如果这些物质不除去，就会变为沉淀而使酒失去透明度。

为了使味美思酒能耐高温(在某些炎热地区或高温仓库中贮存)而不发生微生物危害，先将其进行巴氏杀菌。即将味美思酒加热到75 ℃，维持12 min；经过加热处理，葡萄酒中的酵母或酶类都被杀死。巴氏杀菌还能使某些有机物质(如蛋白质、白蛋白)凝固起来而使酒体发生轻微的晕化，丧失晶明透明的外观。此时，应再经过一次精滤，使酒体重新变得晶明透明。这种过滤作用也被称为“过滤消毒作用”。

5)味美思酒的装瓶

制备味美思酒的最后一道工序，就是装瓶。小酒厂可用人工灌装，有时也使用一种简单的装酒机。在现代化的大酒厂中，装瓶车间大都使用产量甚大的连续式的自动装瓶线，包括洗瓶、照瓶、灌装、封盖、贴标等全套作业。

每一个大瓶需要经过慎重的清洗,为时约 20 min,这是在洗瓶机内进行的,其浸渍、洗涤、冲洗、烘干都是自动连续进行的。每一个小酒瓶也可照样如法清洗。烘干的酒瓶被送入装酒机,精确地装盛酒液达到规定的数量(即达到规定的刻度),没有任何损失。装酒完毕,即行封盖。通过一条巷道式干燥器,利用热风的气流,再将瓶外烘干,然后依次经过贴标机,贴标。酒瓶先用绵丝纸包扎,不让暴晒,以免引起酒色变化。然后将酒瓶排装在纸箱内。

8.3.3 味美思酒配方举例

【实例 8.1】意大利式味美思酒

配方:苦艾 450 g,毋忘草 450 g,龙胆根 40 g,肉桂 300 g,白芷 200 g,豆蔻 50 g,紫苑 450 g,橙皮 50 g,葛蒲根 450 g,矢车菊 450 g,精制酒精(85% 体积分数)20 L,甜白葡萄酒 380 L。

【实例 8.2】法国式味美思酒

配方:胡荽子 1 500 g,矢车菊 450 g,苦橙皮 900 g,石蚕 450 g,鸢尾根 900 g,肉桂 300 g,苦艾 450 g,干葡萄干 400 L,那纳皮 600 g,丁香 200 g。

下述实例中的各物混合以后,浸泡 5 ~ 10 d,过滤,再放置 10 ~ 15 d,澄清后再过滤一次,或用明胶澄清剂处理,静置澄清,除去酒脚即成。表 8.1 列举了各种味美思酒的配方。

表 8.1 各种味美思酒的配方

药材名称	甜味美思				干味美思			
	1	2	3	4	5	6	7	8
白芷		5	60	12		50		75
苦橙皮		115	250		1 000	350	200	75
紫苑		135				125	200	150
菖蒲	22	85	150	32	200	150		150
肉桂	22	40	100	120	10			
藿香	33							
丁香	22		50					
胡荽子	112	225	500	50			50	200
忍冬草			200					150
土木香		115	125	22	800	15	50	150
矢车菊		30	135					
香根莎草			50					
龙胆根		115		32		50	50	100
石蚕			125		100			
小豆蔻	17	30						
肉豆蔻	167	15					50	
鸢尾根			50	8			100	
苦木			250	64	10			75

续表

药材名称	甜味美思				干味美思			
	1	2	3	4	5	6	7	8
苦艾	56		30		1 000	35	160	150
麝香草	56		225					
芸香	50							
众香子		15						

【自测题】>>>

1. 对生产起泡葡萄酒的葡萄品种和成熟度有何要求？

2. 起泡葡萄酒的生产方法有哪几种？

3. 所有的葡萄都能酿造白兰地酒吗？为什么？

4. 生产味美思酒时主要的配料有哪些？

实训项目7　葡萄酒的勾调实验

1）实验目的

①掌握贝利尼鸡尾酒的调配；

②掌握黑天鹅绒鸡尾酒的调配。

2）实验原理

鸡尾酒是一种量少而冰镇的酒。它是以朗姆酒（RUM）、金酒（GIN）、龙舌兰（Tequila）、伏特加（VODKA）、威士忌（Whisky）、白兰地（Brandy）等烈酒或葡萄酒作为基酒，再配以果汁、蛋清、苦酒（Bitters）、牛奶、咖啡、糖等其他辅助材料，加以搅拌或摇晃而成的一种饮料，最后还可用柠檬片、水果或薄荷叶作为装饰物。

3）实验材料

起泡性葡萄酒、桃子酒、石榴糖浆、黑啤、搅拌长匙、香槟杯。

4）实验步骤

（1）贝利尼

①将冰冷的桃子酒（占总量的1/3）和石榴糖浆（微量）先倒入香槟杯中搅匀；

②然后倒入冰冷的起泡葡萄酒（占总量的2/3），轻轻搅拌即可；

③用一块桃子楔做装饰。

（2）黑天鹅绒

①先倒入香槟杯1/2的起泡葡萄酒；

②然后倒入1/2的黑啤，不要搅拌，将其自然分层；

③用一块柠檬片做装饰。

项目 9

葡萄酒的检测

【学习目标】

1. 了解葡萄酒的成分与营养。
2. 掌握葡萄酒的感官检验方法。
3. 掌握葡萄酒的理化标准与卫生标准。

任务9.1　葡萄酒的感官检验

9.1.1　葡萄酒的感官检验

感官检验主要是利用人的感官对葡萄酒的外观、香气、滋味及风格进行检验和评价，并把感觉到的印象用专门术语表达出来，并赋予不同的分数，进而全面评价样品的品质。感官检验是鉴定葡萄酒品质的主要手段，迄今为止，还没有被任何仪器所取代。

1）感官检验项目

（1）外观

葡萄酒的外观特征主要表现在：色泽、澄清度、起泡程度和流动度。

①色泽。葡萄酒的色泽，因果实原料品种和所酿制葡萄酒品种的不同而异，但色泽必须纯正。葡萄酒的色泽要求是白葡萄酒应为浅黄微绿、浅黄、淡黄、禾秆黄色；红葡萄酒应为紫红、深红、宝石红、红微带棕色；桃红葡萄酒应为桃红、淡玫瑰红、浅红色；加香葡萄酒应为深红、棕红、浅黄、金黄色。澄清透明，不应有明显的悬浮物（使用软木塞密封的酒，允许不时有洁白泡沫）。不同葡萄酒色泽区分，见表9.1。

表9.1　不同葡萄酒的色泽区分

葡萄酒的种类	白葡萄酒	红葡萄酒	淡红葡萄酒
葡萄酒的色泽	无色、禾秆黄色、棕黄色、淡绿黄色、金黄色、蓝黄色、浅黄色、淡琥珀色、黄色、琥珀色	洋葱皮红色、石榴皮红色、蓝红色、棕带红色、淡宝石红色、暗红色、红带棕色、宝石红色、血红色、紫红色	浅桃红色、玫瑰红色、砖红色

②澄清度。澄清度是葡萄酒外观质量的重要指标，指葡萄酒是否透明，有无光泽，有无各种浑浊情况。一般葡萄酒要求澄清，有光泽，无明显悬浮物（使用软木塞封口的酒允许有少量软木渣，封瓶超过1年的葡萄酒允许有少量沉淀）。清亮透明是优良葡萄酒的特征之一。

葡萄酒的澄清程度是葡萄酒外观特性的重要方面。酒的澄清程度与其口感有密切联系。澄清程度差的葡萄酒其口感质量一般也较差。衡量葡萄酒澄清程度的指标有透明度、浑浊度等，与之相关的指标还有是否光亮、有无沉淀等。优良的葡萄酒必须澄清、透明（色深的红葡萄酒例外）、光亮。

a. 澄清：是衡量葡萄酒外观质量的重要指标。澄清表示的是葡萄酒明净清澈、不含悬浮物。通常情况下，澄清的葡萄酒也具有光泽。

b. 透明度：是葡萄酒允许可见光透过的程度。白葡萄酒的澄清度和透明度呈正相关，即澄清的白葡萄酒透明。但对于红葡萄酒来讲，如果颜色很深，则澄清的葡萄酒就不一定透明。

c. 浑浊度：表示的是葡萄酒的浑浊程度，浑浊的葡萄酒含有悬浮物。葡萄酒的浑浊往往是由微生物病害、酶破败或金属破败引起的。浑浊的葡萄酒其口感质量也差。

d.沉淀:是从葡萄酒中析出的固体物质。沉淀是由于在陈酿过程中,葡萄酒构成成分的溶解度变小引起的,一般不会影响葡萄酒的质量。

描述澄清程度的词汇有下述几种:

澄清度:清亮透明,晶莹透明,莹澈透明,有光泽、光亮。

浑浊度:略失光,失光,欠透明,微混浊,极浑浊,雾状混浊,乳状混浊。

沉淀:有沉淀,纤维状沉淀,颗粒状沉淀,絮状沉淀,酒石结晶,片状沉淀,块状沉淀。

③起泡程度。起泡葡萄酒注入杯中时,应有细微的串珠状气泡升起,并有一定的持续性。起泡性是由 CO_2 气体释放引起的,根据 CO_2 的含量及运动状态,可分为平静的、静的、不平静、起泡和多泡等现象,这些现象说明干酒或甜酒是否正常。在香槟酒中可分为持久的、细致连续、形成晕圈、暂时泡涌、泡大不持久等现象。

④流动性。把酒倒入杯中或在杯中旋转,进行观察。可以看到葡萄酒在杯中呈液状、流动状、正常、浓的、稠的、油状的、黏的、黏滞的等不同现象。由此可判断酒是否正常或生了病害。

(2)香气

葡萄酒的香气是由嗅觉来确定的,一般分为果香和酒香两类。对加香葡萄酒来说,还包括芳香植物带进的香气。

①果香。果香是指葡萄果实本身带进的香气,也可称为"品种香气",或原始酒香。每个品种都有它自己特有的果香,如玫瑰香葡萄、雷司令葡萄、山葡萄等,无论在任何地区、任何年份,其香气总是固定的。

②酒香。酒香是在发酵和贮藏过程中产生的。由于葡萄酒酵母的代谢作用和其他的生物化学变化,以及橡木桶与酒长期接触等作用,而产生了葡萄酒特有的香气。构成葡萄酒酒香的物质主要是酯类、醇类、醛类、酮类以及脂肪酸、有机酸等,酵母的自溶物、氨基化合物也与酒香有密切关系。

在表述酒香时可用:酒香不足(这是贮存过久或酒生有病害所致);新酒(除果香外,具有不成熟的新酒气味,多指发酵半年以内的葡萄酒);成熟酒香(是指经过一段时间贮存,已具有一定陈酒气味);陈酒香(当酒倒入酒杯后,既能嗅到的陈酒香气);酒香扑鼻(是指酒开瓶后即可嗅到这种完满的陈酒香气,倒入酒杯,可达到满室生香的境界)。

在表达酒有不良气味时可用酸气、霉气、臭气、熟酒气、生药气、木塞气、杉木气、柏油气等。

在描述果香和酒香时,还可加上表示程度不同的形容词。如"微有""弱的""浓的""强烈的"等。

(3)滋味

葡萄酒的滋味比较复杂,一般包括酒精味、酸味、甜味、咸味、苦涩味以及浓淡等感受。它是利用人的舌头、软腭、喉头等味觉器官同时进行辨别来检验的。

①酒精味。酒精虽是葡萄酒的主要成分,但不能在滋味中突出,应和酒中其他成分融合良好,在滋味上觉察不出酒精的气味,我们称之为醇和,反之可称为程度不同的酒精味。

②酸味。酸味是葡萄酒的重要特征,若酒无酸味,则感官寡淡、缺乏清爽感。可见酸味对

葡萄酒的滋味具有明显的功效。葡萄酒的酸味主要是由酒中的固定酸和挥发酸形成的。外加的SO_2在酒中所形成的亚硫酸对酒的滋味会有一定的影响。

a. 固定酸。如酒石酸、苹果酸、柠檬酸等。

若固定酸含量很高,多为新酿成的葡萄酒,称之为生(葡萄)酒。这种酒有时很酸,有欲流口水的感觉。如酸度高得适当,则有清凉爽口的感觉,也称此酒具有活泼性。含量低时,滋味较差,这种酒显得呆滞或不活泼。

另外,酸的感受与酒体的温度有关,温度高,感觉强一些;反之则弱一些。此外,酸与糖的配比还与葡萄酒的滋味有密切关系。配比适宜,则酒性调和、酒质肥硕、酒体柔软。

b. 挥发酸。挥发酸的含量对葡萄酒的气味和滋味影响较大,挥发酸中除大部分是醋酸外,尚有丙酸、丁酸、乳酸等,这些酸均具有一定的香气。

葡萄酒的酸味随着挥发酸的含量的增高而增强,如果挥发酸的含量小于0.65 g/L,就不易凭感觉觉察出。当挥发酸的含量达到1.0 g/L时,才易觉察出。如果达到1.2 g/L时,即可明显品尝出。如果葡萄酒中挥发酸的含量低到0.2~0.25 g/L,则会感到酒性不柔、酒体不软、酒质不肥。因此,应将葡萄酒中挥发酸的含量控制在0.5~0.8 g/L为宜。

c. 亚硫酸。亚硫酸是由添加到酒中的SO_2与酒液作用后而产生的。适量使用SO_2,对葡萄酒的滋味不会产生影响,但过量使用,除对葡萄酒的陈酿产生不利影响外,还会使葡萄酒失去原有的一部分优良品质和真正价值。

③甜味。葡萄酒中的甜味物质有两类,即糖类和醇类。糖类主要是果糖、葡萄糖等;醇类主要是甘油、肌醇和山梨醇等。即使是干酒,也可感受到甜的滋味。

在葡萄酒中,甜酸应适口。在糖度较高时,有浓甜的感觉。如糖度高而酸度低,有时会出现甜得发腻的感觉。

④苦涩。葡萄酒中的苦涩味主要来自单宁。它在口腔中对于上腭、牙龈和舌会产生一种收敛的感觉,并有一种苦涩感。单宁过量会给酒带来干燥和粗糙等不适口的感觉,使葡萄酒应有的风格不能体现出来。另外,酒中的色素在成分上一般多为酚类,也会呈现出一些苦涩味。

⑤浓淡。浓淡主要体现在葡萄酒中含有浸出物的多少,浸出物含量高的,在滋味上多呈浓郁、持久的感觉。反之,则有淡的感觉,有时会出现平淡如水的感觉。浓淡是葡萄酒中物质组成在味觉上的综合反应。

⑥回味。葡萄酒在口腔中,受到温度及口腔摩擦的作用,释放出香气,首先传到鼻咽头及后鼻腔中,随即上升到鼻甲中与嗅膜接触而产生回味。回味并不是每种葡萄酒都有,而且有强有弱,这种感觉往往发生在名葡萄酒中。

(4)风格(典型性)

葡萄酒的典型性又称葡萄酒的风格。葡萄酒的品种繁多,风格也各有不同。在风格上,有以葡萄品种为主的,如雷司令葡萄酒就具有雷司令葡萄的典型性,多用于干酒上;也有以工艺为主结合葡萄品种形成的风格,如味美思葡萄酒。风格在感官检验中,是一个不可忽视的重要项目。风格检验一般是在视觉、嗅觉、味觉检验的基础上综合形成的。

2)感官检验的步骤

对葡萄酒的感官检验需经过专门训练的评酒员完成。感官检验的步骤一般如下:

①明确检验任务。如对比、找配比配方、找酒存在的问题、评优、找典型等。

②取样。开启样品(注意不要让任何物质落入酒中,并将震动降到最低程度),然后将被检样品徐徐注入杯中,注入的容量不能超过杯容量的3/5。

③检验外观。在适宜的光线下,检验有无失光、浑浊、色泽及是否有起泡等现象,并根据情况写出评语,再扣分。在检验外观之前,不能用手握杯的上部,而应用手指捏住玻璃柱的部分。

④检验香气。先摇动酒杯,嗅酒的香气,分析果香与酒香,并根据酒的典型作分析,再用手心给酒加热进一步嗅闻,之后同样写评语,再打分。

⑤检验滋味。每口吸入6~10 mL酒样,使酒液布满舌面,仔细分析品味,辨别其特点和协调情况,做出评语,打分。

⑥确定风格。根据外观、香气、滋味的特点,综合其特点与回忆到的典型性作比较,最后确定出酒的风格(典型性),再写出评语,打分。

⑦定结论。将各项分值汇总,得出被检样品的总得分,并写出最终评语。

任务9.2 葡萄酒的理化检测

9.2.1 葡萄酒中的主要成分及其来源

葡萄酒的成分极为复杂,主要来源于葡萄汁、葡萄汁的微生物代谢及葡萄酒的陈酿储存。

葡萄汁在酵母的作用下,大部分糖被分解成酒精、CO_2及其他醇类和副产物,少部分存留在酒液中;含氮物质部分成为酵母细胞的原料,部分存留,还有一部分沉淀析出;矿物质则部分存留,部分与其他物质沉淀;果胶质有少部分存留,其余沉淀;有机物部分被酵母细胞消化,部分存留,其余部分变成酒石酸钾沉淀;酚类物质中的一部分存留,形成了葡萄酒的色、味,另一部分则与蛋白质等物质形成沉淀。

葡萄酒的主要成分如下:

(1)糖类

葡萄酒中的残糖主要以果糖为主,其次是葡萄糖,此外还有少量的阿拉伯糖、木糖、鼠李糖、棉籽糖、蜜二糖、麦芽糖、半乳糖等。另外,葡萄酒发酵过程中还会产生少量的海藻糖。

(2)乙醇

乙醇是除水以外,在葡萄酒中最高的成分。乙醇主要来自葡萄酒发酵,某些储存期较长的优质葡萄酒,其部分乙醇来自苹果酸的分解。乙醇是气味物质的良好溶剂。因此,乙醇是葡萄酒中芳香、酒香气味的载体,在葡萄气味的基础上还有一种明显的酒精味。

(3)高级醇

葡萄酒中的高级醇是指两个碳以上的醇类,其中90%以上为戊醇、异戊醇、异丁醇,含量一般为0.15~0.55 g/L。高级醇的生成与酵母的种类、发酵的过程有关。高级醇是酒的香气成分之一,又是香气的良好溶剂。

(4)甲醇

葡萄酒中的甲醇是葡萄中果胶质在甲醇酶的作用下产生的,葡萄的果胶质大部分集中在果皮上,故带皮发酵的红葡萄酒中甲醇含量高于不带皮发酵的白葡萄酒,此外,甲醇还来源于甘氨酸脱羧,其含量为0.1 g/L左右。

(5)甘油

甘油即丙三醇,是酒精发酵副产物,在一般情况下,占酒精质量的1/15~1/10,是除酒精之外,葡萄中最重要的成分。甘油对葡萄酒的风味有很大影响(甜与醇厚)。赋予葡萄酒以柔和感。其含量与葡萄汁的糖度、酵母种类、发酵时间、发酵温度、通风、酸度、SO_2添加量等因素有关。

(6)2,3-丁二醇

2,3-丁二醇是一种多羟基醇,也是酒精发酵的副产物,略带酸甜,其甜味与苦味相当,含量与葡萄汁的含糖量成正比,一般为0.3~1.5 g/L。

(7)肌醇

肌醇是一种环状醇,具有甜味和维生素的某些性质,在葡萄酒中的含量约为0.5 g/kg。

(8)酒石酸

酒石酸又名葡萄酸,是葡萄酒中特有的一种酸,也是葡萄酒中最强的酸。葡萄酒中的pH值很大程度取决于酒石酸的含量,其含量占葡萄酒中总酸的1/4~1/3。提高酒精浓度或降低温度都将引起酒石酸氢钾和中性酒石酸钙沉淀,从而引起酒石酸浓度的下降。该酸对葡萄酒的着色与抗病有重要作用。

(9)苹果酸

葡萄汁中的苹果酸在酒精发酵过程中将减少10%~30%,这是由于裂殖酵母的作用及苹果酸-乳酸发酵,苹果酸转化为乳酸和CO_2所致。

(10)柠檬酸

葡萄酒中含量很低,一般为0.1~0.3 g/L,在葡萄汁或葡萄酒时常添加柠檬酸,既可增加酸度,又可避免产生磷酸铁的白色沉淀。

(11)琥珀酸

琥珀酸是在酒精发酵过程中,由酵母代谢而产生的一种有机酸,葡萄酒中琥珀酸的含量为0.2~0.5 g/L,对细菌具有极强的抵抗力,极易生成酯,琥珀酸乙酯是葡萄酒的重要香气成分之一。

(12)乳酸

乳酸是发酵过程中产生的,其生成途径:一是在糖发酵生成酒精的过程中由酵母代谢产生;二是在苹果酸-乳酸发酵过程中,由苹果酸转化生成;三是伴随酒精的生成、有病害的葡萄酒产生乳酸发酵。

(13)挥发酸

葡萄酒中的挥发酸(如甲酸、乙酸、丁酸等)是由脂肪酸组成,葡萄酒中挥发酸的含量各国均有严格标准,超越标准说明葡萄酒已受杂菌感染。葡萄酒中挥发酸的含量不超过0.55~0.60 g/L,酒的风味均属正常,含量再低一些,风味会更好一些。挥发酸主要是乙酸,乙酸的生成途径有两条与乳酸的生成途径相同,另一条途径是由醋酸菌使酒精氧化而来。

(14)酯类

酯类是葡萄酒的重要香气成分,酒中含量较少,其生成一是酵母代谢产生,二是储存过程中酯化形成。酯类可分为酸性酯和中性酯,约各占一半;葡萄酒中主要的酯类包括乙酸乙酯、乳酸乙酯、琥珀酸乙酯、酒石酸乙酯、酸性酒石酸乙酯等,一般含量为 176 ~ 264 mg/L,陈酒含量有所增加。酯的含量决定于葡萄酒的成分与年限,新酒一般酯含量低,贮存时间长的酒酯含量高。

(15)蛋白质

葡萄酒中蛋白质约占总氮的 3%,蛋白质极易使酒产生蛋白质浑浊和蛋白质沉淀,故酿造过程中尽量减少蛋白质的含量。此外,在葡萄酒中还存在一定数量的蛋白质水解的中间产物,如胨、多肽等。

(16)氨基酸

氨基酸是蛋白质和多肽的基本构成单位。葡萄酒中含有 24 种氨基酸,其中脯氨酸、丝氨酸、亮氨酸、谷氨酸是主要氨基酸。氨基酸是葡萄酒风味和营养的最重要部分,能赋予葡萄酒一种特殊风味。分析检测结果表明,总氮含量的 90% 为游离氨基酸。

(17)维生素

葡萄酒中含有多种维生素,且种类比较齐全。它们是酵母、细菌生长不可缺少的生长因子,可保证发酵的正常进行。

(18)乙醛

乙醛是酒精发酵的副产物,是葡萄酒的香味成分之一。新发酵的葡萄酒,乙醛含量一般在 75 mg/L 以下,乙醛大部分与 SO_2 结合生成乙醛-亚硫酸化合物,储存期间,由于氧化或产膜酵母的作用,乙醛含量渐渐增多。

(19)乙缩醛

乙缩醛是酒的香味成分之一,由乙醛和乙醇缩合而成,含量一般在 5 mg/L 以下。

(20)羟甲基糠醛

果糖在酸性溶液中加热脱水而成,加浓缩汁活用热浸法生产的葡萄酒中,羟甲基糠醛含量较高。

(21)单宁

单宁存在于葡萄皮或葡萄汁中,单宁的缩水与氧化是白葡萄酒褐变的原因。

(22)色素物质

花色素苷是红葡萄酒的主要色素,其含量依品种不同而异,一般以糖苷的形式存在。

(23)果胶物质

果胶物质一般指果胶质与树胶质,果胶是植物细胞的组成成分,由多个半乳糖醛酸交联而成,发酵过程中果胶水解释放出甲醇、果胶酸;树胶是一种多糖,由半乳聚糖、阿拉伯聚糖、木聚糖、果聚糖组成,其在葡萄胶体中起重要作用,在葡萄酒澄清过程中形成保护层。

(24)挥发性物质

葡萄酒中挥发性组分种类繁多,据报道多达 150 种,其最终有醇类、羰基化合物、脂肪酸、酯类、内酯及萜类等。

(25)矿物质

矿物质来源于葡萄汁、土壤、添加的防腐剂、澄清剂、助滤剂及接触的管道、设备等,主要有钾、钠、钙、铜、铁、镁等,多以离子形式存在。

9.2.2 葡萄酒中主要成分含量

葡萄酒中主要有机酸含量见表9.2。

表9.2 葡萄酒中主要有机酸含量/($g \cdot L^{-1}$)

有机酸	含 量	有机酸	含 量
酒石酸	2~5	半乳糖醛酸	0.2~1
苹果酸	0~5	甲酸	0~0.05
柠檬酸	0~1	乙酸	0.5~1
乳酸	1~5	α-氧化戊二酸	0.015~0.034
琥珀酸	0.5~1.5	丙酮酸	0~0.13
葡萄糖酸	0~2.5		

葡萄酒中氨基酸含量见表9.3。

表9.3 葡萄酒中氨基酸含量/($mg \cdot L^{-1}$)

种 类	含 量	种 类	含 量	种 类	含 量
赖氨酸	1~248	衔氨酸	1~101	谷氨酸	1~390
色氨酸	0~15	丙氨酸	1~247	组氨酸	4~150
苯丙氨酸	3~199	精氨酸	3~151	羟基脯氨酸	1~4
蛋氨酸	2~44	天冬氨酸	1~107	脯氨酸	0~3 400
苏氨酸	1~382	半胱氨酸	1~2	谷氨酰胺	1~310
亮氨酸	9~198	酪氨酸	1~120	鸟氨酸	1~10
异亮氨酸	2~57	天冬酰胺	1~2		
丝氨酸	3~355	胱氨酸	9~66		

红葡萄酒中含有的各种维生素见表9.4。

表9.4 红葡萄酒中含有的各种维生素

种 类	含 量	种 类	含 量
维生素 B_1	0.10 mg/L	泛酸	0.98 mg/L
维生素 B_2	0.18 mg/L	烟酰胺	1.89 mg/L
维生素 B_6	0.47 mg/L	内消旋肌醇	334 mg/L
维生素 B_{12}	0.06 μg/L	生物素	2.1 μg/L
维生素 C	0.25 mg/L		

红葡萄酒成分分析见表9.5。

表9.5　红葡萄酒成分分析

组分名称	含　量	组分名称	含　量
酒精	12%	酒石酸	2.21 g/L
相对密度(20 ℃)	0.997 7	苹果酸	0
还原糖	1.9 g/L	乳酸	2.02 g/L
干浸出物	27.0 g/L	琥珀酸	1.02 g/L
灰分	2.92 g/L	甘油	11.7 g/L
总酸(硫酸计)	3.52 g/L	丁二醇	0.75 g/L
挥发酸	0.45 g/L	总氮	0.40 g/L
乙酸乙酯	0.12 g/L	多酚指数	43 毫克当量/L
游离 SO_2	6 mg/L	花色素	165 mg/L
总 SO_2	64 mg/L	单宁	2.30 g/L
CO_2	0.24 g/L		

白葡萄酒成分的分析见表9.6。

表9.6　白葡萄酒成分分析

组分名称	含　量	组分名称	含　量
酒精	12.2%	酒石酸	1.24 g/L
相对密度(15 ℃)	1.002	苹果酸	1.62 g/L
总浸出物	4.84 g/100 mL	柠檬酸	0.13 g/L
pH 值	3.07	琥珀酸	0.39 g/L
总酸(酒石酸计)	7.09 g/L	钙	99 mg/L
游离 SO_2	40 mg/L	钾	400 mg/L
总 SO_2	170 mg/L	镁	62 mg/L
总氮	0.013 4 g/100 mL	钠	97 mg/L
总单宁	304 mg/L	铁	5.37 mg/L
乳酸	0.94 g/L	铜	0.06 mg/L
醋酸	0.20 g/L	锌	0.94 mg/L

任务9.3　葡萄酒的质量鉴定

葡萄酒的质量鉴定标准见我国国家葡萄酒标准 GB/T 15037—2006。

9.3.1 葡萄酒感官要求

葡萄酒感官要求见表9.7。

表9.7 葡萄酒感官要求

项目			要求
外观	色泽	白葡萄酒	近似无色、微黄带绿、浅黄、禾秆黄、金黄色
		红葡萄酒	紫红、深红、宝石红、红微带棕色、棕红色
		桃红葡萄酒	桃红、淡玫瑰红、浅红色
		加香葡萄酒	深红、棕红、浅红、金黄色、淡黄色
	澄清程度		澄清，有光泽，无明显悬浮物(使用软木塞封口的酒允许有少量软木渣，封瓶超过1年的葡萄酒允许有少量沉淀)
	起泡程度		起泡葡萄酒注入杯中时，应有细微的串珠状气泡升起，并有一定的持续性
香气与滋味	香气		具有纯正、优雅、怡悦、和谐的果香与酒香，陈酿型的葡萄酒还应具有陈酿香或橡木香
	滋味	干、半干葡萄酒	具有纯正、优雅、爽怡的口味和悦人的果香味，酒体完整
		甜、半甜葡萄酒	具有甘甜醇厚的口味和陈酿的酒香味，酸甜协调，酒体丰满
		起泡葡萄酒	具有优美醇正、和谐悦人的口味和发酵起泡酒的特有香味，有杀口力
典型性			具有标示的葡萄品种及产品类型应有的特征和风格

9.3.2 葡萄酒理化要求

葡萄酒理化要求见表9.8。

表9.8 葡萄酒理化要求

项目			要求
酒精度[a](20 ℃)/%(体积分数)			≥7.0
总糖[d](以葡萄糖计)/$(g \cdot L^{-1})$	平静葡萄酒	干葡萄酒[b]	≤4.0
		半干葡萄酒[c]	4.1~12.0
		半甜葡萄酒	12.1~45.0
		甜葡萄酒	≥45.1

续表

项目			要求
总糖[d]（以葡萄糖计）/(g·L^{-1})	高泡葡萄酒	天然高泡葡萄酒	≤12.0±3.0
		绝干高泡葡萄酒	12.1～20.0（允许差为3.0）
		干高泡葡萄酒	20.1～210（允许差为3.0）
		半干高泡葡萄酒	35.1～50.0
		甜高泡葡萄酒	≥50.1
挥发酸（以乙酸计）/(g·L^{-1})			≤1.2
柠檬酸/(g·L^{-1})	干、半干、半甜葡萄酒		≤1.0
	甜葡萄酒		≤2.0
干浸出物/(g·L^{-1})	白葡萄酒		≥16.0
	桃红葡萄酒		≥17.0
	红葡萄酒		≥18.0
铁/(mg·L^{-1})			≤8.0
铜/(mg·L^{-1})			≤1.0
苯甲酸或苯甲酸钠（以苯甲酸计）/(mg·L^{-1})			≤50
山梨酸或山梨酸钾（以山梨酸计）/(mg·L^{-1})			≤200
甲醇/(mg·L^{-1})	白、桃红葡萄酒		≤250
	红葡萄酒		≤400
CO_2压强(20℃)/MPa	低泡葡萄酒	<250/(mL·瓶$^{-1}$)	0.05～0.29
		≥250/(mL·瓶$^{-1}$)	0.05～0.34
	高泡葡萄酒	<250/(mL·瓶$^{-1}$)	≥0.30
		≥250/(mL·瓶$^{-1}$)	≥0.35

注：总酸不作要求，以实测值表示（以酒石酸计，g/L）。

a——酒精度标签标示值与实测值不得超过±1.0%（体积分数）。

b——当总糖与总酸（以酒石酸计）的差值≤2.0 g/L时，含糖量最高为9.0 g/L。

c——当总糖与总酸（以酒石酸计）的差值≥2.0 g/L时，含糖量最高为18.0 g/L。

d——低泡葡萄酒总糖的要求同平静葡萄酒。

实训项目8　葡萄酒酒精度的测定（密度瓶法）

1）实训目标

①熟练掌握测定葡萄酒酒精度的测定方法。

②掌握密度瓶的测定技能。

2）实训原理

用蒸馏法蒸出酒精和微量挥发性物质，再用密度瓶法测定馏出液的密度。根据馏出液的密度，查《酒精溶液密度与酒精度（酒精含量）对照表》，求得20 ℃时酒精的体积分数，即酒精度。

3）主要仪器与材料

①材料：各种类型的葡萄酒。

②仪器设备：分析天平、蒸馏器、高精度恒温水浴箱、密度瓶（附温度计）、容量瓶、玻璃珠等。

4）实训过程与方法

①用容量瓶准确量取100 mL样品（液温20 ℃）于500 mL蒸馏瓶中，用50 mL水分3次冲洗容量瓶，洗液并入蒸馏瓶中，再加几颗玻璃珠，连接冷凝器，以取样用的原容量瓶作接收器（外加冰浴）。开启冷却水，缓慢加热蒸馏。收集馏出液接近刻度，取下容量瓶，盖塞。在20 ℃水浴中保温30 min，补加水刻度，混匀后备用。

②将密度瓶洗净并干燥，带温度计和侧孔罩称量。重复干燥和称重，直到恒重（m_0）。取下温度计，将煮沸冷却至15 ℃左右的蒸馏水注满恒重的密度瓶，插上温度计（瓶中不得有气泡）。将密度瓶浸入（20.0±0.1）℃的恒温水浴中，待内容物温度达20 ℃，并保持10 min不变后，用滤纸吸去侧管溢出的液体，使侧管中的液面与侧管管口齐平，立即盖好侧孔罩，取出密度瓶，用滤纸擦干瓶壁上的水，立即称重（m_1）。

③将密度瓶中的水倒出，洗净并使之干燥，然后装满试样，按步骤②同样操作，称重（m_2）。

④根据以下公式计算结果：

$$A=\rho^{\alpha}\times\frac{m_2-m_0}{997.0}$$

$$\rho_{20}^{20}=\frac{m_2-m_0+A}{m_1-m_0+A}\times\rho^{0}$$

式中 ρ_{20}^{20}——试样馏出液在20 ℃时的密度，g/L；

m_0——密度瓶的质量，g；

m_1——20 ℃时密度瓶与充满密度瓶蒸馏水的总质量，g；

m_2——20 ℃时密度瓶与充满密度瓶试样馏出液的总质量，g；

ρ^{0}——20 ℃时蒸馏水的密度（998.20 g/L）；

A——空气浮力校正值；

ρ^{α}——干燥空气在20 ℃、101.325 kPa时密度值（约1.29 g/L）；

997.0——在20 ℃时蒸馏水与干燥空气密度值之差，g/L。

根据试样馏出液的密度，求得酒精度。

5）实训成果与总结

将所得实验结果与葡萄酒标签所标记的酒精度进行分析比较，如出现偏差，请分析原因。

6）知识拓展

酒精度的测定方法有哪些？各有什么特点？

项目10
其他果酒生产技术

【学习目标】

1. 掌握各种水果的酿造特点，学会选择各种酿造原料。

2. 掌握各种水果的酿造方法和主要操作规程。

3. 熟悉苹果酒、猕猴桃酒、梨酒、枣酒、山葡萄酒、枸杞酒等的生产工艺和产品质量指标。

水果酒是一种饮料酒之一,酒精含量适中,营养物质丰富,喝之不仅能振奋精神,还能营养保健,甚至对有些疾病具有一定的营养功能和某些特定疗效。深受人们喜爱。水果酒的酿造方法简单,品种繁多,深受厂家喜欢。

我国是世界水果生产大国,2012 年全国水果总产量为 2.4 亿 t,约占世界水果总产量的 14%。我国水果种植面积广阔、资源丰富(包括栽培和野生两大类)、种类繁多、产量较大(人均占有量为 43.3 kg)。例如,苹果、梨、桃、橘子(广柑)、杏、葡萄、山楂、草莓、杨梅(香梅、金梅)、石榴、大枣(山枣)、猕猴桃、沙棘果、樱桃、哈密瓜、西瓜、橄榄等。其中,苹果、梨的产量占世界首位,约占世界总量的 40%。利用各种水果酿造的口味不同,风味各异的水果酒在我国已有悠久历史。随经济的发展,生活水平的提高,开发和利用各种资源(包括各种野生资源)已成为必然的趋势。由于水果中含有大量的糖类物质,有机酸、维生素、矿物质等营养物质,因此,利用水果酿造果酒以满足不同品味、不同嗜好的消费者的需求已成必然。此外,水果酒还可作为鸡尾酒的调配酒基。

部分水果的含糖量、有机酸含量和营养成分分别见表 10.1 至表 10.3。

表 10.1　主要水果的含糖量/%

水果名称	葡萄糖	果　糖	蔗　糖
苹果	2.5 ~ 5.5	6.5 ~ 11.8	1.0 ~ 5.3
梨	1.0 ~ 3.7	6.0 ~ 9.7	0.4 ~ 2.6
杏	0.1 ~ 3.4	0.1 ~ 3.4	2.8 ~ 10.0
桃	4.0 ~ 6.9	3.0 ~ 4.4	4.8 ~ 10.7
草莓	1.8 ~ 3.1	1.6 ~ 3.8	0 ~ 1.1
李子	1.5 ~ 5.2	1.0 ~ 7.0	1.5 ~ 9.2

表 10.2　主要果实的有机酸含量

水果名称	总酸量/%	柠檬酸/%	苹果酸/%	草酸/($mg \cdot kg^{-1}$)	水杨酸/%
苹果	0.2 ~ 1.6	0.35	0.97	未测出	0
梨	0.1 ~ 0.5	0.24	0.12	30	0
杏	0.2 ~ 0.26	0.1	1.3	140	0
桃	0.21	0.2	0.5	未测出	0
草莓	1.3 ~ 3	0.9	0.1	100 ~ 600	0.28
李子	0.4 ~ 8.5	0.56	0.36 ~ 2.9	60 ~ 120	0.029
樱桃	0.3 ~ 0.8	0.1	0.15	0	0.0

表 10.3　主要果实的营养成分/[$mg \cdot (100\ g)^{-1}$]

水果名称	蛋白质	钙	碘	铁	胡萝卜素	硫胺酸	核黄素	烟酸	抗坏血酸	糖类
苹果	0.4	11	9	0.3	0.06	0.01	0.01	0.1	微量	9.6 ~ 11.6
鸭梨	0.1	5	6	0.2	0.01	0.02	0.01	0.1	4	8.15

续表

水果名称	蛋白质	钙	碘	铁	胡萝卜素	硫胺酸	核黄素	烟酸	抗坏血酸	糖类
桃	0.8	8	20	1.2	0.06	0.01	0.02	0.7	6	9.95
杏	1.2	26	24	0.8	1.79	0.02	0.03	0.6	7	6.05
菠萝	0.6	17	12	0.9	0.09	0.09	0.03	0.4	7	12.3
山楂	0.7	68	20	2.1	0.82	0.02	0.05	0.4	89	—
草莓	1	32	—	1.1	0.05	0.1	0.1	1.5	172	6~11

注:蛋白质和糖类的单位为%。

任务10.1 苹果酒的生产技术

苹果品质优良、风味好,甜酸适口,营养价值比较高。苹果酒是以新鲜苹果为原料酿造的一种饮料酒。酿造苹果酒的果实一般要求成熟,无霉烂,以国光苹果和青香蕉苹果等品种为佳。

苹果含糖一般在5%~8%,主要为葡萄糖、果糖和蔗糖。苹果中的总酸一般在约0.4%,主要是苹果酸,其次是柠檬酸。总酸随果实的成熟而减少,苹果中还含有一定量的氨基酸、无机盐和维生素。苹果的含水量为84%左右。早熟品种适宜生食不宜酿酒,而中、晚熟品种既可生食又可酿酒。

10.1.1 苹果酒的工艺流程

苹果酒生产工艺与葡萄酒相似,其生产工艺流程如图10.1所示。

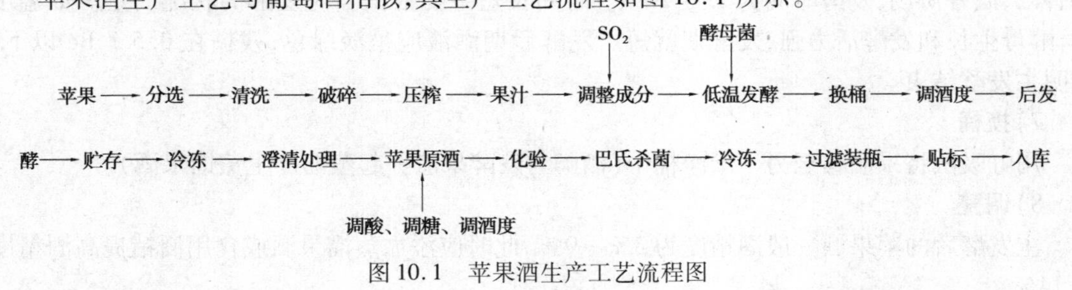

图10.1 苹果酒生产工艺流程图

10.1.2 苹果酒的生产技术要点

1)原料分选

要选择香气浓,肉质紧密,成熟度高,含糖多的苹果,其中成熟度应占80%~90%以上。摘除果柄,拣出干疤和受伤的果子,清除叶子与杂草。用不锈钢刀(不可用铁制刀)将果实腐烂部分及受伤部分清除。因为干疤会给酒带来苦味,受伤果和腐烂易引起杂菌感染,影响发酵的正常进行。

苹果果实的大小对苹果酒的质量有一定的影响,苹果果实的外层果肉含汁比内层的多,苹果的香气多集中在果皮上，而小果实的比表面积大于大果实的比表面积，因此，小果实不仅出汁多、出酒多，而且果香芬芳。

2）清洗

用清水将苹果冲洗干净，沥干。对表皮农药含量较高的苹果，可先用1%的稀盐酸浸泡，然后再用清水冲洗。洗涤过程中可用木桨搅拌。

3）破碎

使用破碎机将苹果破碎成0.2 cm左右的碎块。但不可将果籽压碎。否则果酒会产生苦味，缺乏条件的小厂可采用手工捣碎，有条件的工厂可选用不锈钢制成的破碎机破碎，或选用轧辊为花岗岩或木制的破碎机，严禁使用铁轧辊。破碎要尽可能的碎，以提高出汁率。

4）压榨取汁

破碎后的果实立即送入压榨机压榨取汁。无条件的小厂也可采用布袋压榨。榨汁时加20%～30%的水，加热至70 ℃，保温20 min，趁热榨汁。在榨取的果汁中加入0.3%的果胶酶，在45 ℃下保温5～6 h，再进行果汁澄清；澄清后的果汁过滤、去除沉渣（压榨后的果渣可经过发酵和蒸馏生产蒸馏果酒，用来调整酒度）。

5）添加防腐剂

为了保证苹果酒发酵的顺利进行，压榨后的果汁必须添加防腐剂，以抑制杂菌生长。一般是加入SO_2使浓度达到75 mg/kg（60～100 mg/kg）即可，也可按100 kg果汁中添加9 g偏重亚硫酸钾。

6）主发酵

压榨后的果汁先放在阴凉处静置24 h。待固形物沉淀后，再将果汁移入清洁的发酵桶或缸内，装量为容器面积的4/5，可采用"天然发酵"和"人工发酵"两种方法。"天然发酵"是利用苹果汁中所有带的酵母发酵。"人工发酵"可添加3%～5%的酒母，摇匀。发酵温度控制在20～28 ℃，发酵期为3～12 d。如果采用16～20 ℃低温发酵，利于防止氧化，产品口味柔，果香浓，酒香协调，发酵时间为15～20 d。时间长短主要根据当时发酵的状况而定。如温度高，酵母生长和发酵活力强，发酵期就短。发酵后期酒液应呈淡绿色，残糖在0.5 °Bé以下，表明主发酵结束。

7）换桶

用虹吸法将果酒移至另一干净桶中（酒脚与发酵果渣一起蒸馏产生蒸馏果酒）。

8）调整

主发酵后的苹果酒一般酒精度为3%～9%，此时应添加蒸馏果酒或食用酒精提高酒精度至14%。

9）后发酵

将酒桶密闭后移入酒窖。在15～28 ℃下进行1个月左右的后发酵。后发酵结束后要再添加食用酒精使酒精度提高到16%～18%。同时添加SO_2，使新酒中含硫量达到0.01%。经换桶后再进行1～2年的陈酿。

10）陈酿

陈酿是将酒长期密封贮存，使酒质澄清，风味醇厚。

发酵液由酒泵打入洗净杀过菌的贮藏容器后，装满密封，以避免氧化。贮藏温度不要超过20 ℃。陈酿期间要换几次桶，一般新酒每年换桶3次，第一次是在当年的12月，第二次是在翌年的4—5月，第三次是在翌年的9—10月。陈酒每年换桶一次。

酒的贮存期结束后，应采用人工（或天然）冷冻的方法进行处理，使酒在-10 ℃左右存放7 d，然后立即过滤。以提高透明度和稳定性。

11）调配

成熟的苹果酒在装瓶之前要进行酸度、糖度和酒精度的调配，使酸度、糖度和酒精度均达到成品酒的要求。

12）装瓶与灭菌

经过滤后，苹果酒清亮透明，带有苹果特有的香气和发酵酒香，色泽为浅黄绿色，此时就可以装瓶。如果酒精度在16%以上，则不需灭菌。如果低于16%，则必须灭菌。灭菌方法与葡萄酒相同。

10.1.3 苹果酒的香气

苹果的香气十分复杂，有几十甚至上百种物质参与苹果酒香气的构成，这些物质不仅气味各异，而且它们之间还通过累加、协同、分离以及抑制相互作用，从而使苹果酒香气千变万化、多种多样。它们一部分来源于原料苹果中固有的挥发性香气物质，一部分是苹果酒在发酵过程中酵母的代谢活动而产生的。

1）苹果原料中的固有香气

苹果酒香气主要体现为"芳香和苹果香"。典型的苹果香由300种挥发性物质共同形成，包括脂类、醇类、醛类、酮类和醚类，其中最主要的是脂类（占78%～92%）和高级醇类（占6%～16%）。高级醇和脂类化合物是发酵过程中形成的除乙醇外最重要的成分。

与苹果风味关系较大的挥发性化合物及其含量见表10.4。这些挥发性物质的含量因苹果品种的不同，其所含脂类、醇类和醛类的量及其相对比例均有较大差异。此外，挥发性物质的含量还受产地、收获年份时果实的成熟度、生理和生物损伤程度的影响。但苹果酒中由原料产生的挥发性物质含量甚微，这是苹果酒与其他饮料酒的不同之处。

表10.4 不同品种果汁中主要挥发性香气成分含量/（$mg \cdot L^{-1}$）

组　分	富　士	金　冠	史密斯	红元帅	皇家嘎拉	华　丽
乙醇	89.16	未检出	101.94	12.90	268.62	5.22
正丙醇	1.68	3.66	未检出	1.14	3.96	2.04
正丁醇	72.15	104.12	3.18	23.98	188.40	49.58
正戊醇	1.32	0.88	未检出	未检出	1.50	1.41
己醇	13.26	5.00	3.16	1.43	18.36	9.59
2-和3-甲基丁醇	24	4.8	5.1	2.8	5.2	11.1
乙酸乙酯	0.088	0.088	0.088	0.088	0.088	0.088
乙酸丙酯	未检出	2.04	未检出	1.63	4.90	未检出
乙酸丁酯	10.79	52.43	未检出	9.63	46.86	8.58
乙酸戊酯	未检出	0.91	未检出	未检出	0.26	未检出

续表

组　分	富　士	金　冠	史密斯	红元帅	皇家嘎拉	华　丽
乙酸己酯	3.31	10.66	1.58	3.31	14.54	2.88
乙酸-2-甲基丁酯	9.49	4.29	未检出	3.64	4.16	4.16
丙酸乙酯	0.41	0.41	0.71	未检出	未检出	0.31
丁酸乙酯	1.10	1.21	1.43	0.33	未检出	1.43
戊酸乙酯	1.69	1.95	1.95	1.69	0.78	1.69
乙酸乙酯	未检出	未检出	未检出	未检出	未检出	未检出
丁酸-2-甲基乙酯	未检出	未检出	未检出	未检出	未检出	未检出
乙醛	未检出	未检出	未检出	未检出	2.20	未检出
己醛	2.9	9.20	4.10	未检出	7.20	1.90
反式-1-己烯醛	15.29	16.27	27.73	12.15	11.17	19.60

2)发酵过程中产生的香气

(1)发酵过程中产生的香气物质

在苹果酒的发酵过程中,酵母菌利用苹果汁中的糖类,在生成酒精和 CO_2 的同时,还产生很多影响苹果酒感官质量,构成苹果酒发酵香气的副产物,见表10.5。

表10.5　苹果酒中的主要醇类、酯类和原料苹果汁中的相应成分比较/($\mu g \cdot L^{-1}$)

组　分	苹果酒	苹果汁
3-甲基丁酸己酯	48	未检出
辛酸乙酯	790	未检出
葵酸乙酯	990	未检出
乳酸乙酯	10 820	未检出
琥珀酸二乙酯	760	未检出
乙酸苯乙酯	50	12
丁酸苯乙酯	8	未检出
己酸乙酯	356	未检出
辛酸异戊酯	52	5
异丁醇	1 830	4
异戊醇	86 890	425
苯乙醇	36 040	19

(2)影响香气物质生产量的因素

在苹果酒发酵过程中,影响香气物质生产量的因素主要有发酵原料、酵母菌种和发酵条件这3种因素。

①发酵原料的影响。发酵过程中产生的香气取决于苹果的含糖量。含糖量越高,发酵过

程中产生的香气越浓。此外,苹果原料中氮源的种类也会影响发酵过程中产生的香气的构成,如果氮态氮含量过高,酵母菌就会较少地利用有机氮,生成的高级醇量亦少;氨基酸的种类也会影响异戊醇或苯乙醇的比例。维生素有利于酵母菌合成自身所需要的酶,也有利于芳香物质的形成。

②酵母菌种的影响。在酵母产香方面,同一属酵母的不同种酿酒酵母所产生的挥发性物质有较大差别;不同属酵母所产生的挥发性物质的差异则更大。对苹果酒的风味产生较大影响。不同属酵母在发酵过程中的主要区别是降糖速率的不同。在同一糖度下,各种酵母所产生挥发性物质的浓度虽有不同,但其果香、酒香、尖酸辛辣得分值彼此却很接近,说明不同酵母菌株对苹果酒风味影响很小。天然酵母与人工酵母发酵生产的苹果酒的香气也是有区别的。传统的英国苹果酒采用混菌发酵,使酒呈甜苹果味,而20世纪60年代后的英国苹果酒主要采用人工酵母发酵,使得酒风味纯净新鲜,类似淡白葡萄酒。

③发酵条件的影响。发酵前的SO_2处理、澄清处理、低温发酵及较低的pH值可以降低高级醇的生产量。pH值对苹果酒的香气影响较大,pH值为3.0~3.5,使苹果酒的高级醇和酯类含量更低,香气更纯净,果香更浓。SO_2的加入量对苹果酒的香气有重要影响。当存在过量的SO_2(游离SO_2大于30 mg/L)时,一些酵母会产生大量的双乙酰,对苹果酒产生不利影响。压榨后立即加入SO_2比压榨后12~14 h加入SO_2所生产的苹果酒香气纯净、较淡。较低的发酵温度可降低高级醇的生成量。英国苹果酒酿造者认为,22~25 ℃最有利于香气的产生;而法国和德国的酿酒师则认为,15~18 ℃长时间发酵则最有利,这可能是口味的不同。另外,浑浊汁生产的苹果酒香气浓郁,含更多的挥发性物质,有典型的"苹果酒特征";澄清汁生产的苹果酒香气弱,呈中性特征。

3)苹果酒-乳酸发酵过程中产香

苹果酒含大量的苹果酸,在其老熟过程中,苹果酸-乳酸发酵是很必要的,它会降低苹果酒酸度,同时还丰富酒的芳香,对果酒口感特征的不利影响非常低。在苹果酸-乳酸发酵中,由于植物性香味减少,使水果风味更好地展现出来,酒用明串珠球菌具有β-葡萄糖苷和β-半乳糖苷酶活性,这两种酶在苹果酸-乳酸发酵过程中可分解香味前体物质,释放出具有果香风味的萜烯化合物。乳酸菌还会产生强烈的(如奶油、坚果、橡木等)香味物质。这些香气能很好地与苹果酒中的水果风味融合,增加酒的香气复杂性。这些风味之一的奶油香气是通过乳酸菌产生的双乙酰表现出来的。在苹果酸-乳酸发酵早期或中期,乳酸菌能产生双乙酰,同时也具有把双乙酰还原成乙偶姻的能力(乙偶姻是葡萄酒中的非风味物质)。适量的双乙酰可提高酒的品质,但过量的双乙酰会给酒带来不良味道。在橡木桶中进行的苹果酸-乳酸发酵,使得乳酸味与橡木香味融合在一起,但过于明显的乳酸味往往是不被人们所接受的。

由于细菌的活动,乳酸乙酯伴随着苹果酸的降解而大量合成,并且乙酸乙酯含量也大大提高。在不锈钢罐中发酵的酒乳酸乙酯提高了25%,在橡木桶中的含量也平均提高了20%~25%,而没有经历苹果酸-乳酸发酵的苹果酒,在成熟过程中仅提高了10%。

苹果酸-乳酸发酵后酒风味的不同,是由于不同乳酸菌作用的结果,酒明串珠球菌一般产生所希望的风味变化。在橡木桶中的苹果酸-乳酸发酵产生的香味特性与不锈钢罐中的苹果酸-乳酸发酵所产生的香味不同。

10.1.4　苹果酒的感官要求和理化指标

1)苹果酒的感官要求

苹果酒的感官要求,见表10.6。

表10.6　苹果酒的感官要求

外　观	色泽	淡黄色
	清/混	澄清透明,无悬浮物,无沉淀物
风　味	香气	具有苹果的酒香和清新的酒香
	滋味	醇和清香,柔细清爽,酸甜适中
	风格	具有苹果酒的典型风味

2)苹果酒的理化指标

苹果酒的主要理化指标(甜酒),见表10.7。

表10.7　苹果酒的理化指标(甜酒)

项　目	指　标
酒度/%(20 ℃,体积分数)	12~13
糖度/$[g \cdot (100\ mL)^{-1}]$	9~10
总酸/$[g \cdot (100\ mL)^{-1}]$	0.6~0.8
挥发酸/$[g \cdot (100\ mL)^{-1}]$	≤0.12

任务10.2　猕猴桃酒生产技术

猕猴桃(俗称长寿果),是营养丰富的水果,品种复杂,全国有56个品种,其中以中华猕猴桃的经济价值最高。一般成熟果实含糖8%~17%,主要为葡萄糖、果糖和蔗糖,其中葡萄糖和果糖大体相等,占总糖的85%左右。总酸含量(柠檬酸汁。本书中指葡萄酒外的其他果酒)为1.4~2.0 g/100 mL,主要为柠檬酸和苹果酸及少量的酒石酸。果胶在果肉中含0.95%左右。维生素C含量在100~420 mg/100 g。果肉中的水分质量分数为82%~85%,出汁率一般在50%~70%。无机盐质量分数约为0.7%。

10.2.1　猕猴桃酒的工艺流程

绝大多数酒厂采用发酵法生产猕猴桃酒。发酵法生产工艺有两种:一种是按照白葡萄酒的生产工艺,采用清汁发酵;另一种是按照红葡萄酒的生产工艺,采用带皮渣发酵。

猕猴桃酒的生产工艺在许多方面与葡萄酒相似,其工艺流程图如图10.2所示。

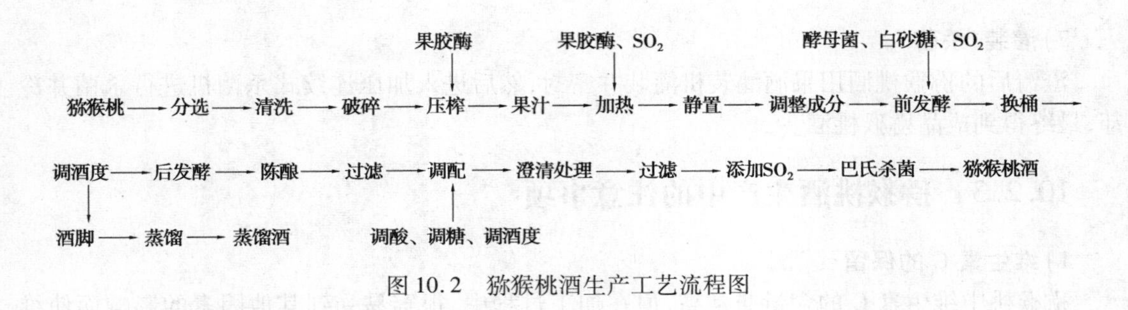

图 10.2 猕猴桃酒生产工艺流程图

10.2.2 猕猴桃酒生产的技术要点

1)分选、清洗

采集果肉翠绿、九成熟猕猴桃果实,剔除霉烂果及杂质,挑选轻微成熟变软的猕猴桃备用。用清水洗涤除去表面绒毛、污物等,以减少原料的带菌量,沥干后数量 2 ~3 d 催熟变软。

2)破碎榨汁

猕猴桃中含有较多的果胶,因此它的果汁黏度大。果肉中的纤维素比一般水果多,组织结构松脆,若破碎得太细,会使以后的过滤操作困难;若破碎得太粗,其内部液汁难从果肉组织中分离出来。一般方法是先把猕猴桃破碎成果浆,同时加入果胶酶 100 mg/kg,SO_2 50 mg/kg,均匀静置 2 ~4 h 后进行榨汁。搅拌添加果胶酶的目的是水解果胶物质,使果胶在果汁中的含量降到 0.1% 以下,降低果汁的黏度和浊度,有利于果汁的澄清,缩短果汁与空气接触的时间,也有利于维生素 C 的保护。

榨出的果汁要再加入果胶酶 15 ~20 mg/kg,加温到 45 ℃,静置澄清 4 h 以上,使果胶充分水解,同时再加入 SO_2 30 mg/kg。

3)调整成分

将澄清果汁适当稀释,按发酵需达到的酒精度的要求,添加适量的白砂糖,加入 SO_2 30 mg/kg。

4)前发酵

在果汁中添加 5% ~10% 的人工培养纯种酵母液(或采用果酒活性干酵母),保持 20 ~25 ℃发酵 5 ~6 d 后,进行换桶,转入后发酵。也可采用低温酿造法。发酵温度为 7 ~10 ℃,发酵时间为 12 ~15 d,这对保留果肉的天然色泽、果香和维生素 C 都有极为明显的作用。如从猕猴桃果皮中分离出野生酵母和葡萄酒酵母或黄酒酵母进行混合酵母低温发酵,原酒的果香味将有明显的提高。

5)后发酵

保温 15 ~20 ℃,时间为 30 ~50 d,分离酒脚。酒脚集中后经蒸馏酒,用来调度。

6)陈酿及后处理

经后发酵的新酒,需陈酿 1 ~2 年后,进行第一次过滤,并进行酒度调整和必要的调糖、调酸,以满足人们的口味要求。再下胶澄清,以防止果渣、果胶酸钙以及蛋白质的变性物质造成猕猴桃酒的沉淀。下胶的材料主要有明胶、蛋清、牛奶、高岭土等。之后进行第二次过滤,以保证酒液的澄清透明。然后加入 50 mg/kg 的 SO_2,立即装瓶。在酒的陈酿过程中,凡有暴露在空气中的,都要采取 SO_2 气体保护等措施,以防酒的氧化褐变、杂菌污染和维生素 C 的大量损失,做到封闭存放。

7)灌装、杀菌

澄清后的猕猴桃酒用果酒灌装机灌装并密封,然后进入加压连续式杀菌机进行杀菌并冷却,最终得到成品猕猴桃酒。

10.2.3 猕猴桃酒生产中的注意事项

1)维生素 C 的保留

猕猴桃中维生素 C 的含量非常高,但在加工过程中,很容易受到其他因素的影响而使维生素 C 大量损失,失去猕猴桃酒的特色。在鲜果发酵中维生素损失严重,将损失 40% 以上;而在陈酿间很稳定。很重要的原因是由于前期发酵产生酒精,随着升温,光以及空气的作用,维生素 C 被氧化破坏;进入陈酿阶段,因避光、隔氧,维生素 C 的氧化损失少。所以在发酵期间温度不可过高,最好在低温下进行,升温幅度不超过 5 ℃。在生产过程中注意严禁接触铁器,尽量减少果汁与光、空气的接触,密闭陈酿,减少维生素 C 的损失。

2)控制好鲜果的后熟度

未经过熟软化的果实含糖量低,单宁含量高,出酒率低;相反,过熟的果实含糖量也低,酸度高,而且果实受霉菌感染,使醪液挥发酸及总酸升高,出酒率也低。只有八成熟的维软果,糖的含量高,出酒率高,总酸、挥发酸及单宁的含量低,汁液鲜美,清香,风味好。因此对刚采收的果实,要经过 1 周的后熟软化,使其微软显清香时再进行破碎发酵。

3)掌握好分离时间

猕猴桃鲜果发酵的时间不宜太长,如果超过 3 d,总酸、挥发酸及单宁的含量会增加,酒精的生成量降低,糖度下降慢,易受杂菌污染;如超过 5 d,会因受到酒花的污染而无法再发酵。因此,混合发酵的时间控制在 3 d 为宜,然后立即分离,使挥发酸控制在 0.05% 以下,单宁控制在 0.15% 以下。

10.2.4 猕猴桃酒的感观与理化指标

1)感官指标

猕猴桃酒的感官指标,见表 10.8。

表 10.8 猕猴桃酒的感官指标

项目 \ 级别		优等品	合格品
滋味	干、半干酒	具有纯净新鲜爽怡口感,酒体纯正,完整,协调适口	酒体醇和爽口 、无异味
	甜、半甜酒	具有纯净新鲜爽怡口感,酒体醇和爽口,酿造协调	酒体醇和爽口 、酿造协调 、无异味
	汽酒	分别具有干、半干、甜、半甜酒的滋味,还应有 CO_2 气体特有的杀口力	
泡沫	汽酒	注入洁净杯中,应有洁白泡沫生起	

2)理化指标

猕猴桃酒的理化指标,见表 10.9。

表 10.9 猕猴桃酒的理化指标

项目 \ 级别		优等品	合格品
酒精度 20 ℃/%（体积分数）	酒度	8.0~18	
	允许差	±1.0	
总糖（以葡萄糖计）/$(g \cdot L^{-1})$	干酒	≤4.0	
	半干酒	4.1~12.0	
	半甜酒	12.1~50.0	
	甜酒	>50.0	
干浸出物/$(g \cdot L^{-1})$		≤0.8	≤1.1
滴定酸（以酒石酸计）/$(g \cdot L^{-1})$		4.0~8.0	
挥发酸（以乙酸计）/$(g \cdot L^{-1})$		≥14.0	≥12.0
维生素 C/$(g \cdot L^{-1})$	干、半干酒	≥200	
	甜、半甜酒	≥150	
总 SO_2/$(g \cdot L^{-1})$		≤250	
游离 SO_2/$(g \cdot L^{-1})$		≤50	
CO_2(20℃)/MPa	汽酒	≥0.30	

注：猕猴桃汽酒的总糖、维生素 C、干浸出物分别以猕猴桃干、半干、半甜、甜酒所规定的指标计。

任务 10.3 枣酒生产技术

红枣是一种药用和营养价值极高的果品，品类繁多，有 700 多种品种。其中，量多质优、应用价值较高的有 20 多种。如沧州金丝小枣，含糖量高达 76%~88%，含酸 0.2%~1.6%，每 100 g 含维生素 C 397~384.5 mg，比苹果、梨、葡萄、桃、柑橘、柠檬等水果的维生素 C 含量均高。其主要营养成分和枣蛋白的氨基酸组成见表 10.10 和表 10.11。

表 10.10 红枣的营养成分

成 分	含量/[mg·$(100\ g)^{-1}$]		成 分	含量/[mg·$(100\ g)^{-1}$]	
	鲜枣	干枣		鲜枣	干枣
水分	73.4	19	钙	14	61
蛋白质	1.2	3.3	磷	23	55
脂肪	0.2	0.4	铁	0.5	1.6
糖类	23.2	72.8	维生素 B_1	0.06	0.06
粗纤维	1.6	3.1	维生素 C	380~600	12
灰分	—	1.4	维生素 A	0.01	0.01
cAMP	50	—	维生素 B_2	0.04	0.15

注：灰分以上成分的单位为%。

表 10.11 枣蛋白氨基酸组成

名 称	缬氨酸	亮氨酸	苏氨酸	苯丙氨酸	色氨酸	蛋氨酸	赖氨酸
干枣 /[mg·(100 g)$^{-1}$]	111	53	71	71	20	23	38

枣酒中氨基酸浓度高,矿物质丰富,微量元素锌,碘含量较高,维生素含量高,是一种滋补健身的天然饮料,枣酒呈琥珀色,清亮透明,果香与酒香协调,有大枣的浓香气,枣味浓厚,酸甜适口。

10.3.1 枣酒的工艺流程

枣酒生产工艺流程如图 10.3 所示。

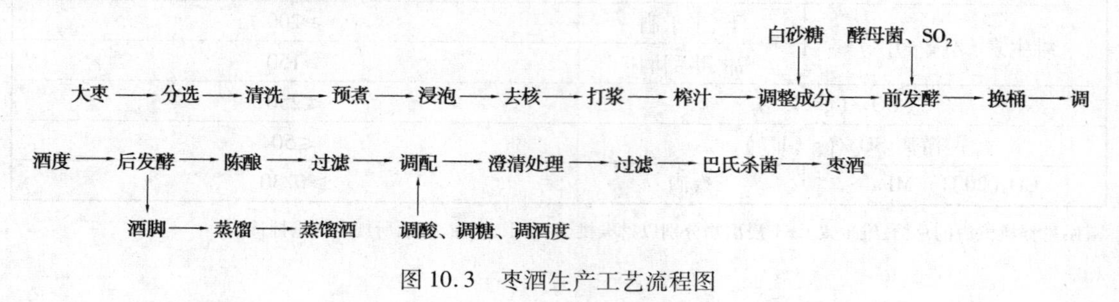

图 10.3 枣酒生产工艺流程图

10.3.2 枣酒的技术要点

1)原料的选择与处理

一般选用无病虫害的残次枣做酒,但必须清除霉烂粒、杂质。之后用流动的清水在洗果机内清洗干净,置于夹层锅中,加入其干重 3 ~5 倍的水,在 2 MPa 的压力下加热至沸,在 90 ℃左右维持 30 min,停止加热,使其自然降温至 60 ℃左右,于不锈钢提取罐中浸泡 5 ~6 h,使果实充分吸水,以利破碎。然后浸泡过的果实用石磨压碎或用破碎机破碎成枣泥。

2)调整成分

将澄清果汁适当稀释,按发酵要求的酒精度,添加适量白砂糖。

3)前发酵

在果汁中添加 5% ~10% 的人工纯种酵母液(或采用果酒活性干酵母),保持 16 ~20 ℃发酵 5 ~6 d 后,进行换桶,转入后发酵。

4)换桶

用虹吸法将果酒移至另一干净桶中(酒脚与发酵果渣一起蒸馏,生产蒸馏果酒)。

5)调整

调整主要发酵后的枣酒一般酒精度为 3% ~9%。应添加蒸馏果酒或食用酒精,提高酒精度。

6)后发酵

保温 15 ~20 ℃,时间为 30 ~50 d,分离酒脚。酒脚集中后经蒸馏得蒸馏酒,用来调酒度。

7) 陈酿及后处理

经后发酵的新酒，需陈酿 1 ~ 2 年，之后进行第一次过滤，并进行糖度、酸度和酒度的调整，以满足人们的口味要求。

8) 灌装、杀菌

澄清后的枣酒用果酒灌装机灌装并密封，然后送入加压连续式杀菌机进行杀菌并冷却，最终得到成品果酒。

任务 10.4 山楂酒生产技术

山楂是我国特有的果品，我国大部分地区均有野生或人工栽培，主要产区为山东、河南、江苏等地，产量呈逐年上升趋势。山楂不仅外观色泽诱人，而且营养也非常丰富，其营养成分见表 10.12。此外，山楂还具有一定的保健作用，具有较高的食疗价值。

表 10.12 山楂营养成分

营养成分	含 量	营养成分	含 量	营养成分	含 量
水分/g	70	单宁/g	0.3 ~ 0.8	维生素 B_1/[mg·(100 g)$^{-1}$]	0.02
糖类/g	22.1	氨基酸/[mg·(100 g)$^{-1}$]	30 ~ 150	维生素 B_2/[mg·(100 g)$^{-1}$]	0.05
蛋白质/g	0.7	Ca/[mg·(100 g)$^{-1}$]	68	烟酸/[mg·(100 g)$^{-1}$]	0.4
脂肪/g	0.2	P/[mg·(100 g)$^{-1}$]	20	维生素 C/[mg·(100 g)$^{-1}$]	89
果胶/g	3 ~ 4	Fe/[mg·(100 g)$^{-1}$]	2.1	维生素 D/[mg·(100 g)$^{-1}$]	0.4
有机酸/g	3 ~ 5	维生素 A/[mg·(100 g)$^{-1}$]	0.82	黄酮类/[mg·(100 g)$^{-1}$]	65

由表 10.12 可知，山楂果实中的乳胶、有机酸、单宁、维生素 C、Ca、黄酮类等物质的含量相对较高，因此，具有独特的加工和利用价值。

10.4.1 山楂酒的工艺流程

以干红山楂为例，生产工艺流程如图 10.4 所示。

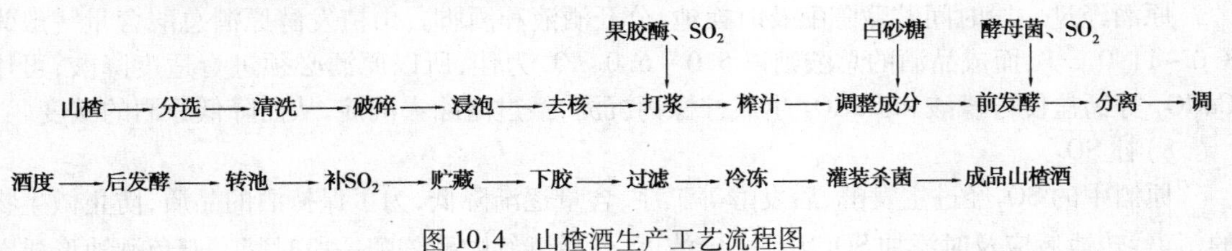

图 10.4 山楂酒生产工艺流程图

10.4.2 山楂酒的技术要点

1) 原料选择

必须选用红色纯正,新鲜成熟、无腐烂的山楂果实为原料。选择好后,将山楂先用水浸泡3～5 min,以利于洗涤,然后放入清洗槽中,用流动水进行清洗,将表面的污物清洗干净。

2) 破碎

洗涤好的山楂用破碎机破碎,注意不要压破核,这样利于核与果肉分离,也防核中不良物质进入山楂的果肉中。

3) 浸泡

在破碎后的山楂肉中,加入4%的脱臭酒精,用软水浸泡,并加入80 mg/L的SO_2,以抑制有害杂菌。但如SO_2浓度过高,酵母生长繁殖和发酵会受到很强的抑制,影响产酒、降糖;相反,SO_2浓度过低,酒的风味欠佳,口感较差。所以应选择适宜浓度的SO_2。

4) 加果胶酶

加入用温水稀释的40～60 mg/L果胶酶,搅拌均匀,并使其作用24 h。利用果胶酶可将果肉中的果胶物质分解成水溶性果胶或小分子的半乳糖醛酸,使果汁释放出来,有利于提高山楂的出汁率。同时也可使不稳定的大分子物质和颗粒更快地沉淀下来,利于澄清。

5) 主发酵

测定山楂混合液中的含糖量,按生成1%酒精需要1.7%的糖计算,对照成品干型山楂酒的酒精度要求,加入所需白糖的一半和6.0%的人工培养酵母液,在23～28 ℃下发酵至糖度降至6%～7%时,再加入剩余糖。发酵温度一般控制在25 ℃左右进行,此时,发酵产酒、发酵周期和酒质都比较理想。高温发酵虽然发酵周期短,但产酒低,原酒口味粗糙、苦涩,质量较差;低温发酵则产生周期过长。

山楂酒的质量很大程度上取决于所选用的酵母。应选择能适应山楂汁的特点(如耐酸能力强、蔗糖转化酶活性高等)、有较高抗SO_2能力和酒质好的酵母。并且首先对酵母进行初选,然后进行驯养、分离和纯化,以生产出品质优良的山楂酒。

6) 后发酵

当发酵醪经过1周左右时间,相对密度降至1.015～1.025时,将山楂原酒放出,送往密闭的不锈钢发酵池继续进行后发酵,此时品温控制在16～20 ℃,经过25～30 d的后发酵,干红山楂原酒的含糖量在3 g/L以下,后发酵结束,转池分离。

7) 转池

原酒经过一段时间贮藏陈酿及时换池,分开酒液和酒脚。山楂发酵原酒总酸含量一般为8.0～11.0 g/L,而成品酒的总酸则以5.0～6.0 g/L为佳,所以原酒必须进行适度降酸,可用$CaCO_3$等钙盐使柠檬酸和$CaCO_3$生成柠檬钙沉淀,经过滤除去沉淀,从而降低原酒的酸度。

8) 补SO_2

原酒中的SO_2经过主发酵、后发酵等工序,含量逐渐降低,为了保持酒的品质,防止微生物的污染,转池后应及时添加SO_2达到一定浓度,然后继续贮藏陈酿一段时间。避免酒池形成空隙,要定时补充同类原酒,保持满池状态。

9) 下胶

为了缩短生产周期,可添加一定量明胶。下胶前先将明胶用冷水浸泡1 d,使其膨胀除去杂质,而后在10~12倍的50 ℃的热水中溶解,再根据所确定的用量缓缓加入干红山楂原酒中,搅匀,下胶温度为15~18 ℃,用量为100~150 mg/L,隔氧1周后分离过滤。如需对山楂酒进行调配以改善酒的品质可在澄清处理前进行,以提高酒质和保证酒的长期稳定。

10)冷冻、过滤

将原酒速冷至-4 ℃以加速沉淀的析出,然后保温5 d左右,趁冷过滤。

11)灭菌、灌装

冷冻、过滤后的山楂酒用果酒灌装机灌装并密封,然后送入加压连续式杀菌机进行杀菌并冷却,最终得到成品山楂酒。

10.4.3 山楂酒的感官和理化指标

1)山楂酒的感官指标

山楂酒的感官指标见表10.13。

表10.13 山楂酒的感官指标

项 目	优等品	合格品
色泽	宝石红、橘红色	浅橘红色
外观	酒质澄清透明,无明显悬浮物、沉淀物	
气味	具有浓郁的山楂果香和酒香	具有较明显的山楂果香和酒香
滋味	味纯正,酸甜适口,稍有愉快的收敛感,醇厚和谐,余味悠长	味较纯正,酸甜适口,酒体协调
风格	具有本产品的典型风格	

2)山楂酒的理化指标

山楂酒的理化指标见表10.14。

表10.14 山楂酒的理化指标

项 目		优等品	合格品
酒精度(20 ℃)/%(体积分数)	指标	≤15.0	
	允许差	在上述指标范围内允许差为±1.0	
总糖(以葡萄糖计)/($g \cdot L^{-1}$)		≤220.0	
滴定酸(以柠檬酸计)/($g \cdot L^{-1}$)		7.0~9.0	5.0~9.0
挥发酸(以乙酸计)/($g \cdot L^{-1}$)		≤0.5	≤0.8
干浸出物/($mg \cdot L^{-1}$)		≥20.0	≥14.0
游离SO_2/($mg \cdot L^{-1}$)		≤50.0	
总SO_2/($mg \cdot L^{-1}$)		≤200.0	

任务 10.5 梨酒生产技术

梨原产于中国,品质优良、风味好,芳香清雅,营养丰富(见表 10.15),具有消痰止咳的功效,备受国内外消费者的青睐。梨酒是以新鲜梨为原料酿造的一种饮料酒。由于梨酒在贮藏和陈酿过程中容易产生褐变,且酒体特征风味不突出等问题,因此在梨酒加工的过程中要特别注意褐变问题。

表 10.15 梨的营养成分

成 分	含 量	成 分	含 量
水分/[g·(100 g)$^{-1}$]	88.3	单宁/[mg·(100 g)$^{-1}$]	400.0
能量/[kJ·(100 g)$^{-1}$]	180.0	酯类/[mg·(100 g)$^{-1}$]	0.159
蛋白质/[mg·(100 g)$^{-1}$]	200.0	钙/[mg·(100 g)$^{-1}$]	5.0
粗脂肪/[mg·(100 g)$^{-1}$]	200.0	磷/[mg·(100 g)$^{-1}$]	6.0
膳食纤维/[mg·(100 g)$^{-1}$]	1.1	铁/[mg·(100 g)$^{-1}$]	0.2
灰分/[mg·(100 g)$^{-1}$]	200.0	维生素 C/[mg·(100 g)$^{-1}$]	4.0
糖类/[g·(100 g)$^{-1}$)]	10.0	胡萝卜素/[mg·(100 g)$^{-1}$]	0.01

10.5.1 梨酒的生产工艺流程

梨酒的生产工艺流程如图 10.5 所示。

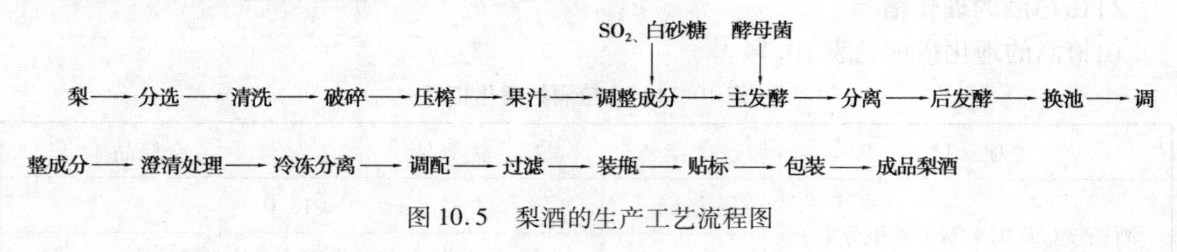

图 10.5 梨酒的生产工艺流程图

10.5.2 梨酒的技术要点

1)分选

选择成熟度高、无腐烂、无虫蛀、无杂物、出汁率在 60% 以上的梨。

2)清洗

使用清水将梨冲洗干净、沥干。对表皮农药含量较高的梨。可先用盐酸浸泡,然后再用清水冲洗。洗涤过程中可用木浆搅拌。

3)破碎

将挑选清洗后的梨去梗、去核,用破碎机打成直径为 1 ~ 2 cm 的均匀小块,入池发酵。入池量不应超过池容积的80%,以利于发酵及搅动,每池一次装足,不得半池久放,以免杂菌污染。入池过程中应按发酵酒精度的需要补加白砂糖。分3次均匀地加入偏重亚硫酸钠进行杀菌,偏重亚硫酸钠的用量一般小于14 g/kg。并添加5% ~10%的人工培养酵母进行发酵。

4)主发酵

主发酵温度一般为20 ~25 ℃,发酵时间为7 ~10 d;低温发酵为16 ~20 ℃,发酵时间为35 ~40 d。

5)分离

主发酵结束时,梨渣沉入池底,将清汁抽出至另一经清洗杀菌的池中进行后发酵。

梨渣和酒脚加糖进行二次发酵,然后蒸馏成梨白兰地酒,供调配梨酒成分时使用。

6)后发酵

后发酵温度为15 ~22 ℃,时间为3 ~5 d,后发酵中,要尽量减少酒液与空气的接触面,避免杂菌污染。

7)分离贮存

后发酵结束时,立即换池。分离酒脚,同时用梨白兰地酒或精制酒精调整酒度,使酒精度在16% ~18%,贮存1年以上(期间定期换桶)。

8)调配

成熟的梨酒在装瓶之前要进行酸度、精度和酒精度的调配,使酸度、糖度和酒精度均达到成品酒的要求。

9)澄清处理

在酒中加入明胶或0.3%的果胶酶进行澄清处理,一般要静止7 ~10 d,之后进行过滤。

10)冷冻

过滤澄清的原酒,降温至-4 ℃进行冷冻,5昼夜后,迅速过滤装瓶。

11)装瓶与灭菌

经过滤后,梨酒应清亮透明,带有梨特有的香气和发酵酒香,色泽为浅黄绿色。此时就可以装瓶。如果酒精度在16%以上,则不需灭菌。如果低于16%,必须要灭菌。灭菌的方法与葡萄酒相同。

10.5.3 酿造梨中存在的问题

1)氧化褐变

梨中含有大量的单宁物质,单宁中的儿茶酚在多酚氧化酶或酪氧酸空气中氧进行作用生成酯类化合物,并经聚合最终生成黑色素。

另外,梨中丰富的氨基酸,在与果酒中的羰基化合物(如葡萄糖、2-己烯类的不饱和醛)共存时,就会发生复杂的美拉德反应,最终生成类黑素,其褐变的速度与氨基酸的含量及羰基化合物的类型有关。

此外,预处理不当,打浆时带入果皮和果核,也极易导致在陈酿中发生褐变;金属离子也会促进果汁的氧化褐变。梨汁中的氨基酸可与铜离子形成化合物,使氧化褐变加剧,形成稳定的深色配位化合物;延长加热杀菌时间,同样会增加黑蛋白素的含量,使梨酒的色泽加深。

防止氧化褐变的措施:采用添加剂澄清剂或使果胶甲基化的方法,降低单宁和果胶的含量，使梨酒的色泽加深。采用0.1%食盐水浸渍，或加入抗氧化剂(0.3%的维生素C)或采用高温瞬间灭菌法，抑制酶的透性，防止果酒的褐变。

2)风味不足

梨酒的风味成分十分丰富，主要有醇类、醛类、有机酸、羰基化合物等。这些风味物质一是来自原料本身；二是由酵母发酵形成的。造成梨酒风味不足的主要原因如下：

①原料本身风味淡雅，含香气成分虽多，但含量较小，且在加工过程中易挥发而散失。

②原料含糖少。

③没有适于梨酒酿造的产香酵母。

解决梨酒风味不足最常用的方法如下：

①在勾兑过程中加入各种果味香糖，经过此法勾兑的梨酒得到了很大的改善，但缺乏陈酿果酒应有的醇香，酒体的后味不足。

②采用酶化催化风味物质的前提物质，并催化风味物质形成的酶系。

③采用带皮发酵。

④筛选适于梨酒酿造的产香酵母。

任务10.6　野山葡萄酒生产技术

野山葡萄是生长在山上的野生作物，故称野山葡萄，也称毛葡萄、刺葡萄、秋葡萄等。野山葡萄是我国稀有的品种，分布较广，黑龙江、辽宁、吉林、河北、河南、陕西、广西、云南、河南、四川等地都有野山葡萄。其中吉林省的产量最多，主要集中在吉林市、通化市和延吉市。野山葡萄酿制的山葡萄酒是中华民族独有的葡萄酒品种。野山葡萄由于高酸、高营养、高有机物质含量，多用于酿造甜型山葡萄酒。

山葡萄果粒圆而小、果皮厚，籽多、汁少、汁呈紫黑色、味酸，口感涩、不宜生食。东北特产野山葡萄属东亚种群，生长在长白山脉积温较低地区，抗寒力极强，可以在-40 ℃的恶劣气温下奇迹般地实现露天越冬。山葡萄多生长在寒冷的林源、疏林及幼林中，生长在有机质比较丰富，通风透水性良好，微酸性或中性土壤上。野生山葡萄均是木质藤本植物，藤长达15 m以上，单叶互生，叶长10 cm，宽8 cm，雌雄异株，花期5—6月，果期8—9月。山葡萄具有“四高二低”的特点：酸高、单宁多酚高、干浸渍物高和营养成分高；糖低，出汁率低。其成分比例见表10.16。

表10.16　山葡萄成分

名　称	所占百分比/%	名　称	果汁成分/%
果梗	9.34	总糖	10.0
果皮	28.30	总酸	(酒石酸)2.0~3.0
果肉果汁	51.36	单宁	0.03~0.045
果核	11.10	果汁收得率	45~50

山葡萄果粒小(直径 5 ~ 12 mm),粒多穗紧。形成反串、成熟为紫黑色,果皮外挂一层白霜,果实芳香。山葡萄受自然条件的影响较大,产量很不稳定。据资料介绍,仅通话、吉林地区丰年可收购山葡萄 4 000 ~ 5 000 t;而欠年,只有几百吨。又由于葡萄的储藏保鲜技术、场地跟不上,再加上运输比较困难,要想批量生产山葡萄酒。仅靠野生葡萄是不能满足生产上的要求的。因此,必须进行野生葡萄的人工栽培,开辟山葡萄园基地。

我国山葡萄品种主要有公酿 1 号、公酿 2 号、双庆和左山一等新品种。

10.6.1 山葡萄酒的生产工艺流程

山葡萄以干红葡萄为例,生产工艺流程如图 10.6 所示。

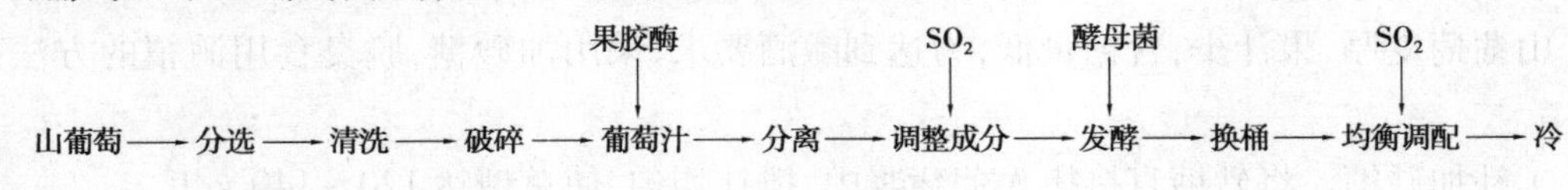

图 10.6 山葡萄酒的生产工艺流程图

10.6.2 山葡萄酒的技术要点

1)分选与洗涤

剔除病、腐烂果,选择成熟度好、色泽深的山葡萄。洗去果皮表面的尘土、农药、病虫。

2)去梗、破碎

葡萄酒带果梗发酵,弊多利少,必须在粉碎前去梗。然后将葡萄破碎,以不压破果核为度,破碎机工作部件材质应为不锈钢。

3)酶解

在葡萄浆中添加果胶酶以分解葡萄浆中的果胶物质,提高出汁率。

4)调整成分

将葡萄浆液糖度调整到 20% 以上,用 $CaCO_3$ 降酸调 pH 值至 3.1 ~ 3.6,并在葡萄浆中一次添加 SO_2 100 mg/L。

5)发酵

制备葡萄酒酒母后,以 4% 接种到葡萄浆中。在 20 ~ 30 ℃下进行密闭纯种发酵。

6)换桶

第一次换桶在前发酵结束时,分离酒液与皮渣,第二次换桶在 12 月末,第三次在翌年 4 月,换桶采用虹吸法。

7)添桶

采用同品种、同批次的酒添满桶,防止氧化和微生物污染。

8)陈酿

将原酒放在温度较低、清洁的环境下,让其自然成熟。

9)下胶处理

用蛋清和明胶作为澄清剂,进行下胶处理。

10)过滤杀菌

采用巴氏灭菌法进行杀菌。

10.6.3 山葡萄酒生产的几个问题

1)加果胶酶

山葡萄浆加果胶酶0.1% ~0.2%,控制温度30 ~35 ℃,保持3 h,分离自流汁入版式热交换器,在73 ℃ 30 s瞬时消毒。用酒石酸钾降酸,添加活性干酵母,分期加入砂糖,使酒精含量达到12% ~13%,残糖58 g/L时发酵终止。冷处理澄清后进入贮存,这种发放适用于酿制全汁酒或秋季雨淋葡萄的酿酒,但对工艺设备卫生要求严格。它的优点是果香明显,酒质成熟快,酒呈宝石红色,澄清,柔和爽口,清新幽雅。缺点是容器壁热量不均,投料需及时搅拌。

2)山葡萄浆的改良

山葡萄皮厚,果汁少,含糖量低,为达到酿酒要求,采用加砂糖,脱臭食用酒精的方法进行改良。

①补加砂糖。将砂糖直接撒入葡萄浆中,搅拌均匀,使总糖达120 ~140 g/L。

②添加脱臭食用酒精。用脱臭食用酒精将葡萄浆酒精含量调整到4% ~5%(体积分数)。此方法适用于成熟度较高的山葡萄。

$$\text{加入脱臭酒精量}=\frac{\text{原酒量}\times(\text{增加酒度}-\text{原酒精度})}{\text{脱臭酒精酒度}-\text{增加酒度}}$$

3)山葡萄酒的调配与贮存

为统一酒质,平衡库存,对不同产地、年份的一次、二次原酒进行合并,即增酒勾兑调配,使原酒精度达17% ~18%(体积分数)。加香葡萄酒可将植物香按比例同时加入,干红葡萄酒地下贮存2 ~3 年,温度为8 ~16 ℃。甜红山葡萄酒地上贮存2 ~5 年,温度16 ~28 ℃。山葡萄酒的pH值较低,单宁含量较高,原酒抗氧化,贮存时游离 SO_2 控制在10 ~15 mg/L。

4)山葡萄酒酵母的驯养

原料与酵母是决定酒质的重要基础,为使酵母适应山葡萄酸高(20 g/L)、糖低(100 g/L)、单宁多的特点及适应含 SO_2 的环境。需对酵母进行驯养。

山葡萄酒酵母的驯养方法如下:

①取优质山葡萄,除梗挤汁,置三角瓶中煮沸,无菌棉塞口,自然冷却,另用含糖140 ~150 g/L的麦汁作培养基。用5 支试管分装:1 号试管装入麦芽汁;2 号试管装入葡萄汁与麦芽汁各1/2;3 号试管内的麦芽汁减为1/3;按这样增减,到5 号试管便全用葡萄汁。

②培养基经杀菌,将欲驯养的酵母移入1 号试管内,25 ~30 ℃培养24 h。以此类推,一直移至5 号试管内,若在5 号试管内山葡萄酒酵母繁殖良好。证明此酵母能适应山葡萄浆的环境。

③取果香好的新鲜山葡萄汁,调整糖度达100 ~120 g/L。高压灭菌,冷却后加入按葡萄汁量0.1% ~0.15%的6%的亚硫酸。4 ~6 h后,加入5 号试管内的酵母,反复摇匀,塞上棉塞,每日摇动2 ~3 次,4 ~5 d内出现旺盛发酵,扩大培养,一部分做酒,一部分作菌种。

驯养酵母是山葡萄发酵中的重要一环,经驯养的酵母发酵力强、产酒精量较高,酒液挥发酸低,发酵时间短、酒母经镜检其要求为:细胞数达到7×10 cfu/mL、芽生率不少于40%、死细胞率在0.1%以下、发现杂菌要立即更换。

5）山葡萄酒的苦涩味

山葡萄酒由于单宁类物质含量较高、氧化过重、果梗或种子中的糖苷进入酒中等原因，容易产生苦涩味，需要采取相应的措施减轻或去除苦涩味。

（1）单宁引起的苦涩味

单宁是多酚类化合物的总称，山葡萄中单宁含量高达0.078 5 g/100 mL，是引起山葡萄酒苦涩味的主要原因，控制措施如下：

①缩短葡萄汁与皮糟接触时间。单宁主要存在于果皮中，破碎后带皮发酵，随着葡萄汁与皮糟接触时间的加长，酒精浓度的升高，单宁被溶出的量就越多，苦涩味也越重。因此，应缩短葡萄汁与皮糟接触时间，可采取以下三段发酵工艺。

第一段带皮发酵时间缩短为3～4 d，然后压榨取净汁进行第二、三段发酵。另一种方法是如上所述的向葡萄浆中加果胶酶，得到需要的颜色。然后再进行主发酵，后发酵，此两项措施效果均比较明显。

②适当延长陈酿期，改善贮存环境条件。一般刚发酵完的新酒既苦又涩，在单宁含量不是过多的情况下，通过适当延长陈酿期，使单宁等物质氧化而沉淀。再经过滤即可除去。贮存的环境条件为干红山葡萄酒温度控制在8～16 ℃，贮存2～3年；甜红山葡萄酒温度控制在8～18 ℃，贮存2～5年，相对湿度保持在85%～90%。

③下胶处理。单宁在酒中带有负电荷，而蛋白质分子带有正电荷，二者结合形成的聚合物，具有一定的吸附性，可将酒中的悬浮物质，有害微生物等吸附。然后通过过滤离心除去。起到减轻山葡萄酒苦涩味的作用。同时可使酒液变得澄清，提高酒的稳定性。

下胶常用的物料是明胶和蛋清，具体用量要先做小试验后再确定。下胶时要加入0.1%的食盐，以防止过早凝固。下胶前进行强烈通风以利于提高下胶效果。下胶最好在冬末春初，室温控制在8～20 ℃比较适宜。

（2）葡萄籽和果梗中的苦味树脂、糖苷进入酒中引起苦涩味

在葡萄破碎和发酵过程中，因葡萄籽和果梗中的苦味树脂、糖苷进入酒中而引起的苦涩味，其控制措施如下：

①加糖苷酶进行分解。

②提高酸度，使糖苷在酸性溶液中形成结晶下沉而除去。

③山葡萄破碎要适度，不能将籽压碎，更不能带梗发酵。

（3）过度氧化而引起的山葡萄酒味苦涩

山葡萄酒中的大部分芳香物质可与O_2结合，使香味变化或破坏，同时产生苦涩味，控制措施如下：

除第一、第二次换桶时可接触少量空气外，以后换桶要隔绝空气，进酒口和出酒口要埋入酒中。

使用自动满桶装置，做到经常满桶。否则，在第一次换桶后的头一个月，应每周满桶一次，以后2周满桶一次。

控制酒中的游离SO_2含量在10～15 mg/L，以保证其香味。

（4）由微生物引起的苦味

山葡萄酒若被苦味病菌侵染后会发苦，其控制措施如下：

①利用SO_2，防止酒温很快升高。

②加热灭菌15～20 min，对苦味不重的山葡萄酒可在下胶1～2次，过滤去除。

③将3%～5%的新鲜酒脚加入被苦味病菌侵染的酒中，充分搅拌沉淀后过滤，可去除苦味菌。

④苦味病菌是好气性菌，在处理病菌时一定要注意不能接触空气，以防止增加苦味。

6）山葡萄酒的浑浊

（1）引起山葡萄酒浑浊的主要原因

①山葡萄酒发酵完全或澄清后，酒液与酒脚分离不及时，酵母菌自溶。

②下胶澄清酒液时，由于下胶材料过量引起山葡萄酒浑浊。

③山葡萄酒中含有大量的酒石酸，致使葡萄酒中的酒石酸盐呈过饱和状态，当环境温度降低时，会结晶析出而产生沉淀。

④山葡萄酒中含有蛋白质等物质，在山葡萄酒中Cu^{2+}，Fe^{3+}盐沉积的晶核，会形成雾浊和浑浊；蛋白质还会与$FePO_4$和CuS结合而沉淀；微量的重金属，会促使单宁与蛋白质形成蛋白质—单宁络合物，出现雾浊或浑浊。

⑤山葡萄酒被微生物污染而导致微生物浑浊。

⑥由于氧化酶作用，使酒中单宁、色素等酚类化合物氧化，出现浑浊沉淀。

（2）生产中控制措施

①山葡萄破碎后，添加0.1%～0.2%的果胶酶，将葡萄汁中的果胶质分解，黏度下降，加快过滤速度，也能提高出汁率。

②后发酵一般是3～5 d完成，为使残糖发酵完全，一般维持一个月左右，后发酵结束后及时分离，除去大部分酒脚。在陈酿过程中要做到及时换桶，在第一次换桶后的1～2个月，即当年的11月末至12月初，进行第二次换桶，第二年的2月下旬至3月上旬进行第三次换桶，6月下旬进行第四次换桶。前两次换桶采用开放式操作，有利于山葡萄酒的成熟；后两次换桶采用封闭式操作，使原酒少接触空气，以免引起氧化。尽量缩短原酒与酒脚的接触时间，以防酵母菌自溶或被分解，引起山葡萄酒的浑浊。

③山葡萄酒在陈酿期间下胶澄清处理，一定要防止下胶过量，保证添加到山葡萄酒中用于澄清的蛋白质在酒中完全降解下来而无残留。

④采用低温处理，使过量的酒石酸盐与不安全的色素、单宁沉淀析出。发酵后残留于酒中的蛋白质、死酵母、果胶等物质也会因温度的降低而加速沉淀。冷处理温度一般控制在冰点以上0.5 ℃。计算冰点的方法是用酒度除以2，例如原酒为12%的酒精含量，则其冰点为-6 ℃。采用快速冷却法，5～6 h达到冰点以上0.5 ℃，并维持5～6 d，在同温度下过滤除去沉淀。

⑤防治微生物污染。山葡萄酒被微生物污染后，会失去透明度，产生异味，挥发酸含量超标。若原酒中pH值高、糖度高、酒度低，接触O_2易被微生物所污染。原酒一旦被污染，可采取下述两种方法：

a.加热杀菌：杀菌公式为

$$T=75-1.5P$$

式中　T——杀菌温度；

P——酒精含量；

75——葡萄汁的杀菌温度；

1.5——试验系数

杀菌时间 15 ~ 20 min。

b. 亚硫酸法：当 SO_2 浓度高达 300 mg/L 时，可消除大部分微生物，但对醋酸菌，只能起到暂时抑制的作用。

10.6.4 山葡萄酒的感官指标和理化指标

1) 山葡萄酒的感官指标

山葡萄酒的感官指标见表 10.17。

表 10.17 山葡萄酒的感官指标

项目			要求
外观	色泽	桃红山葡萄酒	桃红、淡玫瑰红、浅红色
		红山葡萄酒	紫红、深红、宝石红、浅红微带棕色
		加香山葡萄酒	深红、棕红、宝石红、浅红、金黄色
	澄清程度		清亮透明，无明显悬浮物，用软木塞封口的酒，允许有 3 个以下不大于 1 mm 的软木渣
	起泡程度		山葡萄汽酒注入杯中时，应有洁白或微带红色的气泡
香气与滋味	香气滋味	山葡萄酒	具有纯正、优雅、和谐的果香与酒香
		加香山葡萄酒	具有和谐的芳香、植物香与山葡萄酒香
		干、半干山葡萄酒	具有清新、协调、爽净的收敛感，酒体丰满
		甜、半甜山葡萄酒	具有浓郁醇厚的口味，酸甜适口，酒体丰满
		山葡萄汽酒	具有新鲜爽怡的口味及和谐的果香与酒香，有杀口力
		加香山葡萄汽酒	具有醇厚、爽舒的口味和协调的芳香、植物香，酒体丰满
	典型性		典型性、明确

2) 山葡萄酒的理化指标

山葡萄酒的理化指标见表 10.18。

表 10.18 山葡萄酒的理化指标

项目		优等品	合格品
酒精度(20 ℃)/%(体积分数)	甜、加香山葡萄酒	7.0 ~ 18.0	
	葡萄汽酒	≤7.0	
	其他类型山葡萄酒	7.0 ~ 13.0	
	允许误差	在上述指标要求的范围内允许误差为±1.0	

续表

项目			优等品	合格品
总糖(以葡萄计)/(g·L^{-1})	干山葡萄酒		≤4.0	
	半干山葡萄酒		4.1~12.0	
	半甜型	山葡萄酒	12.1~50.0	
		山葡萄汽酒	20.1~50.0	
	甜山葡萄酒、加香山葡萄酒、山葡萄汽酒		>50.0	
滴定酸(以酒石计)/(g·L^{-1})	平静山葡萄酒		5.0~8.0	
	山葡萄汽酒		2.0~4.0	
挥发酸(以乙酸计)/(g·L^{-1})			≤0.8	≤1.1
游离 SO_2/(mg·L^{-1})			≤50	
总 SO_2/(mg·L^{-1})			≤250	
干浸出物/(g·L^{-1})	山葡萄酒		≥14.0	≥10.0
	山葡萄汽酒		≥10.0	≥6.0
铁/(mg·L^{-1})	山葡萄酒		≤8.0	
	加香山葡萄酒		≤10.0	
山葡萄汽酒 CO_2 20 ℃/MPa			≥0.30	

任务 10.7 枸杞酒生产技术

枸杞是重要的中药材。中医认为春采枸杞叶为天精草,夏采枸杞花为长生草,秋采籽为枸杞籽,冬采根为地骨皮,它的叶、花、果、根均可入药,是名贵的中药材。长期食用具有润肺、清肝、滋肾、益气、生精、助阳、补虚痨、强筋骨、祛风、名目等功效。我国很早就有枸杞入药和配制药酒的记载,宁夏香山酒业集团利用宁夏生产的优质枸杞,采用先进的生产设备和新工艺,开发出具有国际品质和浓郁地方特色的"宁夏红"枸杞系列酒。"宁夏红"枸杞酒,在传统发酵酿酒工艺的基础上结合现代生物食品技术。可以激活枸杞蜡质层的生物链,使枸杞的内在营养成分释放90%以上,完全融入酒体中,从而更宜于被人体所吸收。"宁夏红"枸杞酒色泽纯正,酒体澄清、口感醇厚、余味悠长,既保持了枸杞的果香和营养,口感独特,又具有很高的调理营养保健价值,深受国内外消费者的青睐。不同的企业、不同地域配制和酿制枸杞酒的工艺互不相同,这里只介绍枸杞酒的基本工艺。

10.7.1 配制枸杞酒

1)配制枸杞酒的生产工艺流程

配制枸杞酒的生产工艺流程如图 10.7 所示。

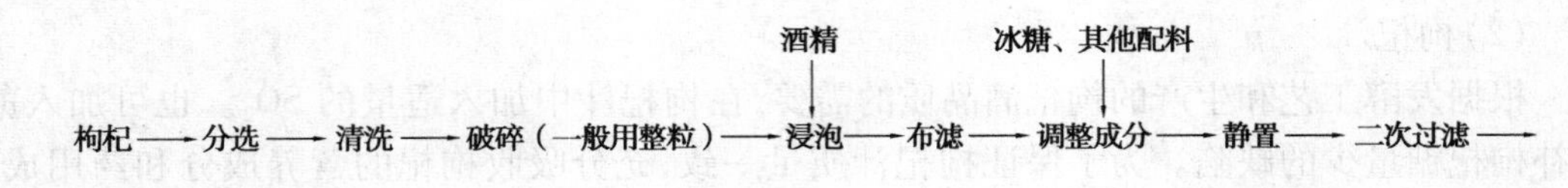

图 10.7 配制枸杞酒的生产工艺流程图

2)生产工艺要点

(1)分选

新鲜枸杞采集后,分选出混杂的果枝、碎粒等杂物后,可直接用于酿酒,也可将新枸杞晾干后贮存,干枸杞可在四季的任一时间用来配酒。

(2)洗涤

枸杞分选后,采用喷淋洗涤除去附着在枸杞上的灰尘和其他杂物。

(3)浸泡

配制枸杞酒一般采用整粒枸杞,不需破碎。选用精馏酒精、优质白酒作为基酒。将基酒稀释到工艺规定的酒度,与定量的枸杞按比例混合,放入缸、坛、罐等容器中,密封浸泡10 d或半个月左右,直到枸杞药味全部浸出为止。

(4)过滤

枸杞药味几乎全部浸出后,停止浸泡,用滤布过滤除去枸杞颗粒。

(5)调配

除去枸杞后的清液,按工艺要求加入冰糖和其他配料进行调配。

(6)静置

调配后的枸杞酒中,含有少量沉淀物,静置一段时间,沉淀物逐渐沉积在酒液的底部,过滤除去沉淀,使酒澄清透亮。配制的枸杞酒酒精含量一般较高,无须杀菌,检验合格后,可直接包装得到成品。

10.7.2 发酵法生产枸杞酒

1)发酵法枸杞酒的生产工艺流程

发酵法枸杞酒生产工艺流程如图10.8所示。

SO_2、其他配料

枸杞 → 分选 → 清洗 → 淋干 → 破碎 → 枸杞汁 → 发酵 → 陈酿 → 过滤 → 灌装 → 杀菌 → 成品枸杞酒

图 10.8 发酵法枸杞酒的生产工艺流程图

2)生产工艺要点

枸杞的分选、洗涤,参见配制枸杞酒的生产。

(1)破碎

枸杞洗净,沥干水分,送入破碎机破碎。枸杞籽细小,一般不会被破碎,枸杞籽也具有重要的作用,无须除去。

(2)枸杞汁

根据发酵工艺和生产的枸杞酒品质的需要,在枸杞汁中加入适量的 SO_2。也可加入蔗糖弥补枸杞糖量少的缺陷。为了保证枸杞汁质量一致,充分吸收枸杞的营养成分和药用成分,也可采用高压均质等先进工艺。

(3)发酵

枸杞汁送入发酵罐,接入培养好的酿酒酵母,可在 15 ~20 ℃发酵 15 d 左右。较低的发酵温度对于保持枸杞独特的风味好形成良好的酒体以及产生较高的酒精都有帮助。发酵温度高时,酒的风味差,酒体澄清度不理想。

(4)陈酿

枸杞酒是一种果酒,更是一种保健品。贮存一段时间后,酒体澄清、透亮,醇厚绵柔,酒香与枸杞香相融相衬,药用成分与酒形成一个整体,饮用感觉和保健作用接近最佳。

(5)过滤

陈酿中酒中形成了少量沉淀,过滤除去沉淀。

(6)灌装杀菌

陈酿、过滤后,检验合格,将枸杞酒灌装入瓶,进行杀菌后得到成品,也可采用超高温度瞬时灭菌技术对酒杀菌,确保酒质不会受到杀菌带来的不良影响。

【自测题】>>>

1.思考题

(1)请写出苹果酒生产的工艺流程。

(2)苹果酒在发酵过程中是如何产生香气的? 影响香气物质生成的因素有哪些?

(3)猕猴桃酒生产中应注意的问题是什么? 有哪些理化指标?

(4)写出枣酒生产的工艺流程及理化指标。

(5)请写出山楂酒生产的工艺流程。

(6)梨酒在酿造中存在的问题是什么? 如何防止? 工艺流程是什么?

(7)试写出山葡萄酒生产的工艺流程。

(8)引起山葡萄酒苦涩味的原因是什么? 写出解决方法。

(9)写出枸杞酒生产工艺流程。

2.知识拓展题

(1)通过调查,写出当地水果生产和综合利用情况的总结报告。

(2)总结果酒生产的基本工艺过程。

实训项目 9　苹果酒的酿造实训

1)实验目的

①熟悉苹果酒的酿造工艺流程。

②了解苹果原料的预处理及苹果汁防氧化方法。

③熟悉苹果榨汁的方法、亚硫酸的使用及榨汁机的使用。

④研究外加酶制剂辅助酶解对苹果酒酿造品质的影响。

⑤掌握果酒活性干酵母的活化方法及酵母菌接种操作。

⑥通过发酵过程中各种参数的变化,了解苹果酒酿造的动态变化规律。

2)实验原理

果酒酿造是利用酵母菌将果汁中的糖分经酒精发酵转变为酒精等产物,再在陈酿、澄清过程中经醋化、氧化及沉淀等作用,使之变成酒质清晰、色泽美观、醇和芳香的产品。果酒酿造要经历酒精发酵和陈酿两个阶段。在这两个阶段中发生着不同的生物化学反应,对果汁的质量起着不同的作用。

(1)果酒发酵期中的生物化学变化

①酒精发酵。是果酒酿造过程中的主要生物化学变化。它是果汁中的已糖经果酒酵母的作用,生成酒精和 CO_2。果酒酵母细胞含有多种酶类。如转化酶能使蔗糖水解成葡萄糖和果糖;酒精酶使已糖分解成乙醇和 CO_2;蛋白酶使蛋白质分解成氨基酸;氧化促进果酒陈酿,并使单宁、色素和胶体物质沉淀;还原酶能使某些物质与氢作用起还原作用,尤其是与含硫物质作用生成硫化氢而释放。

②酒精发酵过程中的其他产物。果汁经酵母菌的酒精发酵作用,除生成乙醇和 CO_2 外,还产生少量的甘油琥珀酸、醋酸和芳香成分及杂醇油等,这些都是有利于果酒的质量。

(2)果酒在陈酿过程中的变化

刚发酵后的新酒,浑浊不清,味不醇和,缺乏芳香,不适引用,必须经过一段时间的陈酿,使不良物质消除或减少,同时生成新的芳香物质。陈酿期的变化主要有以下两个方面:

①酯化作用:果酒中醇类与酸类化合生成酯,如醋酸和乙醇化合生成清香型的醋酸乙酯,醋酸与戊醇化合生成果香型的醋酸戊酯。

②氧化还原与沉淀作用:果酒中的单宁、色素等经氧化而沉淀,醋酸和醛类经氧化而减少,糖苷在酸性溶液中逐渐结晶下沉,以及有机酸盐、细小微粒等的下沉,也都在陈酿期中完成。因此经过陈酿,可使果汁的苦涩味减少,酒汁进一步澄清。

(3)SO_2 的作用

SO_2 在果酒中的作用有杀菌、澄清、抗氧化、增酸、使色素和单宁物质溶出、还原作用、使酒的风味变好等。发酵基质中 SO_2 浓度为 60~100 mg/L。此外,还需考虑下述因素:原料含糖量高,用量略减;温度高,易被结合且易挥发,用量略减;微生物含量和活性越高、越杂,用量越高;霉变严重,用量增加。

3)实验材料

①仪器:电磁炉、冰箱、高压蒸汽灭菌锅、超净工作台等。

②用具:广口瓶、试管、锥形瓶、量筒、烧杯、玻璃棒、纱布等。

③材料:苹果、白砂糖、亚硫酸、果胶酶、苹果酸等。

4)工艺流程

①干酵母的活化。

②苹果酒的生产工艺流程如图 10.1 所示。

5）实验步骤

（1）仪器器皿的准备

将所需的器皿清洗干净，置于沸水中蒸煮备用。

（2）菌种的活化

将活性干酵母溶于配制好的豆芽汁葡萄糖培养基中进行活化，置于35～40 ℃水浴锅中保温活化20～30 min，并不断搅拌。

（3）发酵前苹果的前处理

去除苹果的杂质，然后用自来水清洗、去核、切片、榨汁。

（4）苹果汁成分的调整

测量苹果汁的糖度和酸度，糖度为22%，酸度pH值为4.5左右，若不符合要求加入适量白砂糖和苹果酸进行调整，每升苹果汁按60 mg SO_2 加入量计算。成分调整好后静置澄清备用。

（5）果胶酶的添加

将静置了24 h左右的苹果汁用虹吸的方法去除果渣等沉淀物，得到的苹果汁按0.02 g/L果胶酶加入。

（6）接种及发酵

将活化好的酵母菌接入分离后的苹果汁中接种、混匀。在混匀的发酵液中取出适量的发酵液检测部分发酵原始参数，如糖度、酸度、菌体数等，封闭瓶盖，在18 ℃下自然发酵，定期进行相关参数的检测，观察果酒发酵过程中的动力学变化规律。主发酵约10 d（具体时间依据参数检测的结果而定）。

（7）下胶澄清

主发酵结束后，糖度降至约为7%，进行下胶处理。根据所得发酵液加入1%的明的胶和0.5%的硅土，进行澄清处理。澄清的目的：使悬浮的胶体蛋白质凝固而生成絮状沉淀，慢慢下沉，使酒变澄清。

（8）苹果酒后发酵及陈酿

下胶后静置澄清一天左右，进行初次倒瓶，酒液尽量满瓶，并补加亚硫酸，按150 μg/500 mL酒液进行补加，封闭瓶盖进行陈酿。

6）实验过程与结果分析

①实验过程记录见表10.19。

表10.19　实验过程记录表

时　间	糖　度	CO_2 失重	pH值	菌体数个/mL	气　泡	感　官
接种						
第1次						
第2次						
第3次						
第4次						
第5次						

续表

时　间	糖　度	CO_2失重	pH值	菌体数个/mL	气　泡	感　官
第6次						
第7次						
第8次						
第9次						
第10次						
第11次						
第12次						

②实验分析。

③实验心得与体会。

附　录

附录1 酿酒葡萄品种中英文对照

中文名	英文名	中文名	英文名
爱尔伦	Airen	美味得	Mourvedre
爱丽可	Aleatico	白麝香	Muscat blanc
紫北塞	Alicante Bouschet	麝香	Muscat
珊瑚珠	Aligote	黄橙麝香	Orange Muscant
巴贝拉	Barbera	派斯	Pais
品丽珠	Cabernet franc	白品乐	Pinot blanc
赤霞珠	Cabernet Sauvignon	灰品乐	Pinot gris
解百纳	Cabernet	黑品乐	Pinot noir
卡尔梅丽亚	Calmeria	波尔特	Port
佳丽酿	Carignane	白羽	Rkatsiteli
玛瑙红	Carnelian	玫瑰红	Rose
霞多丽	Chardonnay	宝石	Ruby Cabernet
白诗南	Chenin blanc	白玉霓	Saint Emilion
鸽笼白	Colombard	萨尔瓦多	Salvador
雷司令	Genuine Riesling	索丹	Sauterne
灰雷司令	Gray Riesling	长相思	Sauvignon blanc
伊莎贝拉	Isabella	赛美蓉	Semillon
柯娜	Kerner	马德拉红	Tinta Madeira
马卡贝欧	Macabeo	罗丽红	Tinta Roriz
马尔卢瓦西	Malvoisie	味得火	Verdelho
玛大罗	Mataro	弗迪奇	Verdicchio
美酿	Meunier	增芳德	Zinfandel

附录2 常用葡萄酒术语

1. Acetic(醋性的):所有酒都含有一定量的醋酸,若比例过高,葡萄酒就会有强烈的醋味,成为劣质酒。

2. Acidic(酸的):葡萄酒有合适的酸度才会口感清新。通常以 Tart 或 Sour 来形容酸度过高的酒。

3. Acidity(酸度):酒酸是造成葡萄酒的结构及厚度的重要因素。通常葡萄酒有4种自然酸味:柠檬酸味、酒石酸味、苹果酸味和乳酸味。在温热年份出产的葡萄酒往往酸度较低,而在湿冷年份出产的葡萄酒酸度较高。适当的酸度可以保持葡萄酒的清新及活性,但过量的酸性会使其失去特有的醇味。

4. Aftertaste(后味、余味):指饮过葡萄酒后,在口中留下的感觉,与 length 和 finish 同义。这里所说的余味主要是指长度,余味越长(当然应该是好的味道),酒质越好。

5. Ageing(陈年、陈化):葡萄酒随时间而经历的复杂变化。一般葡萄酒只需几个月的陈化过程即可饮用,而较好的酒却需长久的陈化时间来提高口感,需要几年甚至几十年慢慢达到高峰,然后逐渐衰退。

6. Alcohol(酒精):糖分发酵的产物,是葡萄酒中的兴奋性成分,也是造成葡萄酒结构和口感的重要因素。葡萄酒的酒精含量通常以度数表示(商标上由%标示)。大部分餐酒的酒精含量在9%~15%,加酒精的葡萄酒(如波特酒和雪莉)其酒精含量在20%左右,而烈酒的酒精含量通常在40%~43%。

7. Aggressive(侵略性的):指酒内含浓烈的单宁或酸度很高,非常干涩,尚需陈年。

8. American Oak(美国橡木):美国橡木通常用来制作陈化葡萄酒的木桶。它比法国橡木稍次一等,且便宜些。

9. Angular(生糙的):指某些葡萄酒缺少圆润感,醇度和浓度低。在不佳的酿酒期生产的或酸度太高的葡萄酒通常是生糙的。

10. Aroma(芳香):还没有足够时间产生复合香气(bouquet)的新酒的气味。Aroma 通常用于比较新鲜的、存放时间不长的葡萄酒,而 bouquet 则是代表已陈年成熟的香味。

11. Assemblage(集装):指各种酒桶的汇集,有时也指各品种的葡萄的汇集。也可用于表明这种汇集的组成。

12. Astringent(干涩的、收敛性的):不能简单地以优劣来定论葡萄酒的收敛性。收敛性葡萄酒,粗糙涩口,若是由于新酿造含单宁太高引起的,则需进一步存放;但也可能因为酿造不当而造成。葡萄酒的收敛度取决于单宁的水平。

13. Austere(干涩、微酸):这种葡萄酒通常口味不佳,粗糙干涩,浓郁醇厚不足。通常年份短的 Bordeaux 红酒会暴露出这种特征,但随着陈化葡萄酒会越来越醇厚。

14. Balance(均衡):均衡是葡萄酒最重要的品质之一,表示果香、单宁、酒精、酸度达到协调统一。均衡的葡萄酒年代越久会越香醇。

15. Barnyard(脏腐气味):由于使用了不洁酒桶或未经消毒的酿酒用具,使某些葡萄酒染上的一种不干净、农田的、糟粕的气味。但有些酒,如勃艮第红酒,带有这种气味时并不被认为是缺陷。

16. Barrel(酒桶):用于发酵和陈化葡萄酒的工具。有不同的形状和大小,最常用的是容量为225 L的圆桶和容量约300 L的大桶。酒桶多用橡木制造。新酒桶会带给葡萄酒一种橡木味,而旧酒桶则会有股淡淡的锈味。

17. Berrylike(浆果的):很多新酿造的红酒,尤其是波尔多红酒,都有浓烈的浆果味,可品出黑莓、木莓、黑樱桃、桑葚,甚至草莓和酸果蔓等滋味。

18. Big(强劲的):形容葡萄酒酒体饱满,强度浓烈,丰醇馥郁,余味悠长。

19. Bitter(苦味):苦味是舌头能够辨别的 4 种最基本的味道之一。单宁会使酒有轻微的苦味,通常与果味和甜味保持均衡,但过苦的酒则可能已变坏。

20. Body(结构、强度):指葡萄酒经过腭部所产生的味觉的重度和厚度,由单宁、酒酸和酒精决定。强度醇烈的葡萄酒浓度较高,有较多的酒精和甘油成分。

21. Botrytis Cinerea(灰色葡萄孢,拉丁语,一种真菌):真菌在特定的气候条件下(通常在暖湿的天气下)侵入葡萄皮层,引起葡萄自然缩水,并超度浓缩。灰色葡萄孢是酿制 Barsac 和 Sauternes 优质甜美白葡萄酒的关键。由于气候干燥,日晒多,风大,在 Rhone 山谷,这种真菌很少见。

22. Bouquet(香气):葡萄酒随时间缓慢陈化而产生的复合香气,往往不是单纯的葡萄香味。常用于已成熟的酒。

23. Brawny(强劲的):一种厚重的、激烈的、强度浓烈的葡萄酒,虽然不属于优雅精致一类,但有足够的浓度和风味。

24. Brilliant(清澈透亮的):指的是葡萄酒的颜色,这种葡萄酒颜色清晰,无杂质,无模糊感。现在很多好酒(尤其是经过陈年的酒)都不经过过滤就直接装瓶,虽然有沉淀物或不够透明清亮,但却风味更浓郁。

25. Browning(变成棕色):红葡萄酒在陈化过程中,颜色从红宝石色/紫色变为深红宝石色,再变成琥珀色镶边的红宝石色,最后变成棕色界边的红宝石色。当葡萄酒变成棕色,说明它已完全成熟,基本上不会再进步了。

26. Brut(极干):含糖量低于 1.5% 的香槟酒,比“extra dry”更干。

27. Buttery(奶油味):浓郁的奶油香,在经过苹果乳酸发酵的葡萄酒(尤其是霞多丽葡萄酒)中常会发现这一味道,乳酸是形成这种风味的主要因素。

28. Carbonic Maceration(碳气的浸泡):葡萄酒的酿造方法。用于酿造温和的、果味浓郁的,易入口的葡萄酒。整窜葡萄被放入酒桶,再冲入碳气。这种方法提高了葡萄酒的水果味,而不会提高酒的浓度和鞣酸度。

29. Cedar(雪松):波尔多红酒经常有轻微或较浓的雪松香味,这种香味是构成复合酒香的一种。

30. Blind tasting(盲品):在事先不知道所品尝的酒到底是什么酒的情况下进行的品尝,目的是为了对葡萄酒作出客观的评价。是将酒标隐藏而不是品酒时把眼睛蒙起来。

31. Cellar(酒窖):字义上指地下室。大部分葡萄酒的酿制传统上是在地下室完成的。现在,酒窖指葡萄加工,葡萄酒存放和陈化的所有用地,也指葡萄酒陈列室,不再限于地下室了。

32. Cepage(法语):一种法国葡萄。

33. Chai(法语):“地上”的酒窖,多在 Bordeaux 地区。

34. Chateau(法语):原指城堡,后用于泛指盛产葡萄酒的地域(即使在当地没有真正的城堡)。

35. Chewy(耐嚼的):比较浓稠,甘油含量高而有软黏感的葡萄酒,可以被形容为耐嚼的。在好的酿酒年份里酿造的浓缩度高的酒通常是耐嚼的。

36. Claret(古英语):古代英语,Bordeaux 地区酿制的红葡萄酒的统称。

37. Classed growth(等级种植园):法语“cru class”的译词,被列入官方等级的葡萄园(尤指在 Bordeaux 地区)。

38. Closed(闭塞的、封闭态的):用来指某些葡萄酒由于年份太短,酒质无法得到充分的发展和体现。波尔多新酒通常会在装瓶后 12 ~ 18 个月处于封闭状态,并因酿酒年份和贮存条件的不同,在以后几年甚至十几年会继续保持封闭状态。

39. Complex(复杂):指某些葡萄酒有多层次的滋味和口感,总是能吸引品酒者。复杂的酒永远不会让品酒者感到厌倦。

40. Concentrated(浓缩的):优质的葡萄酒不管是淡型的、中型的和浓型的都应有浓缩的滋味。浓缩形容葡萄酒深醇,果味丰厚,有令人陶醉的特性。Deep 是其同义词。

41. Co-operative(合作,co-op):葡萄园主合作组通常共用酿酒工具和酒窖。大的合作组通常还会雇用一些酿酒和销售的专业人员。葡萄园主们把自己的葡萄带到合作组加工,按提供的葡萄数量提取报酬,并在葡萄酒售出后分享利润。在葡萄园小而分治的地区,这种体系经济可行,尤为有用。

42. Cork(软木塞):栓皮栎树的树皮,传统的葡萄酒瓶塞。正常的软木塞应有卓越的弹性,能阻止空气侵入酒瓶里。最近又开发出了合成材料制作的瓶塞,可解决葡萄酒的木塞味问题。

43. Corked(带木塞气味的):使用不洁净或不合格的软木塞会使葡萄酒带有软木塞气味,酒会慢慢有霉味。为了解决这个问题,现在很多酒商都开始使用合成材料制作的瓶塞或螺旋瓶盖。

44. Cru(等级):等级数。用于特定的葡萄园,特别是在 Bordeaux 地区。

45. Cru Bourgeois(中级):中等级。在 Bordeaux 地区,其分类地位仅次于特级。物美价廉。

46. Cru classé(法语):特级种植园。Bordeaux 地区的最好的葡萄园。Médoc 和 Sauternes 地区的葡萄酒是在 1885 年定级的,最好的葡萄酒被分为 1 ~ 5 级,第 1 级最好也最昂贵。这种分类法延续至今基本不变,一些第二级的酒在质量上(不是价格上)完全可与第一级媲美。

47. Cuvée(法语):指许多酒商在 Rhone 山谷酿制了大量的特殊且豪华的葡萄酒,或是酿制一个特别葡萄品种的大量瓶装的酒。Cuvee 就指这样大量酿制的葡萄酒。

48. Cuve(酿酒桶,法语):大桶,盛酒器。

49. Crisp(活泼清脆的):清新,有些刺口果酸。

50. Decadent(放纵的):如果你喜爱冰激淋和巧克力的话,你会了解吃一个巨大的带软糖和生奶油的香草圣代的感受。如果你喜爱葡萄酒,一瓶浓醇(即使有多层油质的果感)、香气馥郁、酒体丰满、有奢华质地的葡萄酒被形容为放纵的。

51. Decanting(滗析):把葡萄酒与沉淀物分离的一种程序,主要用于 Port 酒和陈年红酒(自然产生沉淀物)。我们都知道搅动酒可使酒最有效地通风呼吸,但滗析也可使酒通风。

52. Deep(深的):与浓缩同义,形容葡萄酒丰醇、精粹、口舌生津。

53. Delicate(精致的):形容葡萄酒口味清淡而微妙。这种酒以含蓄,不张扬的特点为人推崇。白葡萄酒通常比红葡萄酒精致。

54. Demi-sec(半干):指含糖量 4% ~8% 的葡萄酒。

55. Depth(深度):指葡萄酒风味醇厚、酒体饱满、结构均衡。

56. Diffuse(扩散的):指葡萄酒结构不佳,口感混乱,没有重心。红葡萄酒如果饮用温度过高,往往口味会扩散。

57. Domaine(葡萄园):葡萄园。

58. Dried out(褪味):指老酒过了高峰期,果香不再,只剩下单宁和酒精。

59. Dry(干性的):品酒用语。形容葡萄酒无明显甜味。许多葡萄酒即使很干,也是含有残余糖分的。

60. Dumb(哑型的):哑型酒是一种封闭型的酒,指酒尚需陈年才能充分展现其潜在力。

61. Earthy(泥土味):这个词可褒可贬。用作褒义时指清新、干净、肥沃的土壤气息,用作贬义时指酒有不洁的味道。泥土味比木材味或块菌味要明显。

62. Elegant(雅致的):雅致的多用来形容白葡萄酒,而较少用于红葡萄酒。但清淡型的、优美的、平衡度好的红葡萄酒也可以是雅致的。

63. Encepagement(混合品种的):不同葡萄品种的混合;通常指在同一个葡萄园种植的不同葡萄品种。

64. 陈酿:用来描述葡萄成熟的法语词,现在专门用于描述开始成熟的葡萄。这个时期标志着糖分开始积累,果粒变软,叶绿素减少,色素开始形成。

65. Oe(葡萄含糖量):德国盛产白酒,以葡萄含糖量(Degrees Oechsle)来分级。越晚摘的葡萄,含糖量越高,相对风险越大。

66. Auselese(OWS-ay-zeh)[德国葡萄酒分级中QmP(优质酒)第三等]:挑选被富贵霉侵蚀的葡萄酿成的晚摘甜酒,自然含糖量需在83°~105° Oe。

67. Beerenauslese(BARE-ehn-OWS-lay-zeh):德国葡萄酒分级QmP,第二等由经过挑选被霉侵蚀的葡萄酿成的晚摘甜酒,与Auselese不同的是这一等级的葡萄是一颗一颗选出,而前者则是一串。自然含糖量需在110°~128° Oe。

68. Blanc de Blancs(白之白):用白葡萄酿成的白酒。通常用在香槟酒上,特别是指由莎当妮酿制的香槟酒。

69. Botrytis cinerea(贵腐霉菌):晚摘葡萄被贵腐霉菌侵袭,会造成脱水,使糖分和酸度增高,生成浓郁的香气。价格高昂的贵腐甜白酒便是用其酿造的。潮湿的环境易引发贵腐霉菌的感染,对葡萄有两级的影响。负面是受贵腐霉菌侵蚀的红葡萄,果皮会变薄而流失果香和单宁。正面是贵腐霉菌会吸干白葡萄的水分剩下浓缩的果糖,可酿成高质量的甜白酒。

70. Butt(伯特):是用来制作莎妮酒的木桶。容量达600 L。

71. Carbonic maceration(CO_2原颗粒发酵法):指整串葡萄发酸,其方式是将整串的葡萄放入CO_2的酒糟中利用CO_2的压力使部分葡萄发酵,再全部榨汁发酵,这种方法生产的葡萄酒,呈淡紫色,果味丰富,十分顺口,唯单宁不高,不宜陈年。

72. Champagne method(香槟酿造法):葡萄由人工采摘后马上榨汁。如果是红葡萄更要注意压汁速度,避免果汁与皮接触太久而受染色。压榨机的力量要控制得宜,太重皮损而汁涩,太轻又不能得到适量的汁。法令规定160 kg的葡萄只可压榨出100 L果汁,其中最早流出的75 L便是酒头或称酒引(Cuvee)。接着进行第一次发酵,制造出高酸度、低酒精浓度的静酒(still wine)。酿酒师便根据自身的经验来决定是否需要与其他年份的酒头混合,而酿成不指定年份香槟酒(Non-vinatge Champagne),或是只用当年酒头,制造出特定年份香槟酒(Vinatge Champagne)。一切调配妥当之后便进行装瓶,同时放入Liqueur de Tirage(一种酒、糖、酵母菌的混合剂)。就是这种混合剂使酒在瓶中二度发酵并生成气泡。经过1~4年陈酿,发酵已臻完成。接着便要使用转瓶(remuage)和冷冻除渣(Degorgement)把沉淀物移除。利用 Liqueur dexpedition(酒和糖的混合剂)补充除渣过程中流失的酒和调整酒的甜度。最后经过上塞加冠后,便大功告成。

73. Chaptalisation(葡萄浆加糖):这个方法是由法国著名的植物学家 M. Chaptal 所发明,在比较寒冷的地方(如德国),在酿造葡萄酒的过程中,会因栽种出来的葡萄糖分不足,而无法发酵至足够的酒精比例,因此需在葡萄浆中添加蔗糖。

74. Cuvee(酒头,混合酒):用在香槟酒,指压汁时最先流出的 75 L 酒头。

75. DECANTING(换瓶):陈年葡萄酒,特别是红酒,在开瓶后,为酒渣及唤起香气需要换瓶。一般在换瓶时,都会准备一个玻璃容器,尤其是透明水晶瓶来装酒。在换瓶时通常在被换的酒瓶瓶颈下方点燃一支蜡为光源,在十分小心且避免倒入酒渣的情况下完成换瓶手续。

76. En Primeur(期酒):法国波尔多和步根地的高级酒,未上市之前均先以期货形式出售。本年收成的葡萄,酿制完成后,便会转到橡木桶陈酿。随后以期货的价钱把酒卖给大盘商(Negociant)。以后这些酒便会在市场上以期货方式买卖,直到两年后,酒才会陆陆续续上市,变成现货。以 1995 年的酒为例,期货开价在 1996 年,提货在 1998 年,如果在 1998 年以前买到 1995 年的酒,一定是次等酒,因为一等酒在橡木桶陈酿期间为 18 ~24 个月。

77. Fermentation(葡萄酒发酵):葡萄酒发酵时葡萄中的糖分与酵母菌混合而生成化学变化,衍生成酒精和 CO_2。理论上葡萄中的含糖量会影响酒精度。实际上高含糖量并不值得担心,因为当酒精浓度达到 15% 时,酒精会使酵母菌失去生物活性,一切发酵过程就此终止。只是当葡萄中的含糖量太低(寒冷地区常见)就需要用葡萄浆加糖等方式来协助发酵。发酵过程中的温度控制也非常重要。红酒的发酵温度介于 20 ~30 ℃,高温的目的是要容易吸收皮和籽中的单宁;白酒则在 15 ~20 ℃中而发酵时间较长来收集果香。

78. Fortified Wine(加烈酒):葡萄酒的一种。酿酒师在发酵完成前添加烈酒(波特)或发酵完成后才添加烈酒(雪莉)以提高酒精浓度。除了波特及雪莉外,还有马特拉(Madeira)也是著名加烈酒之一。上等加烈酒需要陈酿 20 年以上。

79. Maderization(马德拉化):易混淆的词汇,可能最好表达为氧化作用或加热。它来源于既被氧化又被煮烤的马德拉类型葡萄酒的化学与感官特性。它并不像西班牙语言所评价的与橡木提取香味有关。

80. 葡萄醪(Must):准备发酵的葡萄原料,整个葡萄醪尝指带柄葡萄被破碎,葡萄醪泵被设计处理这种浆渣,但不是葡萄皮破碎。当皮渣被除去后,最终葡萄汁不管是否澄清,将要发酵或者已经发酵终了,都称为葡萄醪。但词语"Must"一般指整个葡萄醪。而"Juice"或"Young Wine"指达到一定澄清度的葡萄醪。

81. International Office of Vineand Wine(国际葡萄与葡萄酒局,简称 OIV):总部设在巴黎,执行着如收集世界各国葡萄与葡萄酒产量的统计数据,编纂一些有关葡萄与葡萄酒的法规、分析酿造工艺程序等许多职能。国际葡萄与葡萄酒局出版发行《国际葡萄与葡萄酒局公报》一书,其内容也包括一些其他出版物的简短摘要。

82. Stemmy(果梗味):是在酿酒过程中,由于不除果梗或部分残留果梗所赋予的特别气味,它能使人想起青草味、辛辣味及苦味成分。

83. Yeast Hulls(酵母菌皮):空的酵母细胞壁,有时称为酵母神(Yeast Ghosts)。

参考文献

[1] 秦含章.葡萄酿酒的科学技术[M].北京:全国食品与发酵工业科技情报站,1989.
[2] 刘玉田,徐滋恒.现代葡萄酿造技术[M].济南:山东科学技术出版社,1990.
[3] E.卑诺.葡萄酒科学与工艺学[M].朱宝镛,等,译.北京:中国轻工业出版社,1992.
[4] 彭德华.葡萄酒酿造技术概论[M].北京:中国轻工业出版社,1995.
[5] 胡长建.葡萄酒生产工艺[M].北京:中国劳动出版社,1995.
[6] 顾国贤.酿造酒工艺学[M].北京:中国轻工业出版社,1996.
[7] 贺普超.葡萄学[M].北京:中国农业出版社,1999.
[8] 陆寿鹏.果酒工艺学[M].北京:中国轻工出版社,1999.
[9] 高东升,等.果树优质高产高效栽培[M].北京:中国农业出版社,2000.
[10] Roger B. Boulton Vernonl. Singleton Linda F. Bisson Ralph E. Kunkee.葡萄酒酿造学——原理及应用[M].赵光鳌,等,译.北京:中国轻工业出版社,2001.
[11] 李道德.果树栽培学:北方本[M].北京:中国农业出版社,2002.
[12] 刘文学,等.无公害生产技术[M].北京:中国农业出版社,2003.
[13] 瞿衡,等.酿酒葡萄栽培及加工技术[M].北京:中国农业出版社,2003.
[14] 杨天英,逯家富.果酒生产技术[M].北京:科学出版社,2004.
[15] 博伊斯·兰金.酿造优质葡萄酒[M].马会勒,等,译.北京:中国农业出版社,2008.
[16] 丁立孝,赵金海.酿造酒技术[M].北京:化学工业出版社,2008.
[17] 曾洁.果酒生产技术[M].北京:中国轻工业出版社,2011.
[18] 杜金华,金玉红.果酒生产技术[M].北京:化学工业出版社,2011.
[19] 高年发.葡萄酒生产技术[M].北京:化学工业出版社,2012.
[20] 葛亮,李芳.葡萄酒酿造与检测技术[M].北京:化学工业出版社,2013.